U0569612

干旱区稳定同位素水文学

朱国锋 等 著

科学出版社

北京

内 容 简 介

本书从稳定同位素水文学原理、不同水体水分来源与分配、水分蒸散发过程、地下水与地表水的交互作用和干旱区生态水文过程等方面，介绍干旱区稳定同位素观测网络建设、同位素技术在水资源管理和生态保护等方面的应用。在阐述理论的同时，注重案例分析，旨在帮助读者更好地理解和掌握稳定同位素在干旱区水文过程研究中的应用，为今后相关领域的研究和实践提供借鉴。

本书可供水文学、生态学、地理学、环境科学等相关领域的研究人员和高等学校师生阅读参考。

图书在版编目（CIP）数据

干旱区稳定同位素水文学 / 朱国锋等著. —北京：科学出版社，2024.6
ISBN 978-7-03-077859-8

Ⅰ. ①干…　Ⅱ. ①朱…　Ⅲ. ①干旱区–稳定同位素–区域水文学
Ⅳ. ①P343

中国国家版本馆 CIP 数据核字（2024）第 023027 号

责任编辑：汤宇晨 / 责任校对：高辰雷
责任印制：徐晓晨 / 封面设计：陈　敬

科学出版社 出版

北京东黄城根北街 16 号
邮政编码：100717
http://www.sciencep.com

北京建宏印刷有限公司印刷

科学出版社发行　各地新华书店经销

*

2024 年 6 月第 一 版　开本：720×1000　1/16
2024 年 6 月第一次印刷　印张：11 3/4　插页：2
字数：233 000

定价：168.00 元

（如有印装质量问题，我社负责调换）

序　一

　　同位素水文学是利用稳定同位素或放射性同位素研究水文学中相关问题的学科，在揭示区域或流域水文循环过程、评估水资源、研究水环境变化方面具有独特的优势。稳定同位素水文学是利用稳定同位素（如氢、氧、碳、氮等）的分布和比例来研究水文过程和水循环的科学。通过对水中稳定同位素的测量和分析，可以了解不同来源、不同地区和不同季节水体之间的水文关系、水循环过程和水资源利用情况。

　　20世纪50年代提出的"和平利用核技术"促进了同位素技术在水文学领域的应用。在过去几十年中，稳定同位素技术广泛应用于流域水文过程研究，如追踪降水水汽来源、确定河流的补给来源、估算局地再循环水分贡献率及流域水循环过程研究等方面。稳定同位素示踪技术的发展和成熟为流域水循环规律研究提供了高效准确的方法和途径。除此之外，稳定同位素技术与其他学科领域的方法结合，为解决流域水循环诸多现实问题提供了良好参考。例如，同位素示踪技术与水文模型耦合能很好地预测流域水文状况，同位素示踪技术与遥感手段结合能够捕捉水库中水的动态变化等。稳定同位素水文学的研究和应用领域不断扩大，技术方法与研究手段方面呈现多学科交叉、多要素融合的综合发展态势，为研究同位素水循环的各类问题提供了有力保障。

　　水资源短缺是干旱区发展的制约因素之一。随着全球气候变化加剧，干旱区的水资源问题日益严峻，干旱区稳定同位素水文学的研究意义也越来越凸显。《干旱区稳定同位素水文学》是一部关于稳定同位素水文学的专业著作，由朱国锋等撰写而成。该书主要阐述了稳定同位素在干旱区水文过程研究中的实际应用，从理论和实践方面探讨了全球变化背景下干旱区水文循环的变化，以及如何利用稳定同位素技术来揭示和预测这些变化，并提出了应对策略。这些内容不仅有助于水文学、生态学和环境科学研究，也可以为水资源管理和生态保护相关领域的从业人员提供重要的参考。总之，该书全面系统地介绍了稳定同位素在水文水资源和生态水文领域的应用，是一部理论与实践相结合的著作。

　　该书全面论述了干旱区稳定同位素水文学研究的成果，内容和科学问题具有前沿性，研究成果丰富且系统，结论具有重要实践指导意义。该书的出版将促进我国干旱区水文研究。在该书出版之际，我表示祝贺。

中国科学院院士　刘丛强

2024 年 3 月

序 二

2002 年，我受国际原子能机构委托，在中国南京第一次讲授同位素水文学培训课程。在那次旅行中，我结识了中国同位素水文学的奠基人，顾慰祖先生。此后，顾先生成为我终生的朋友，我访问中国进行教学和研究时曾多次拜访他。

在我访问中国的 25 年里，中国发展成为水文学领域的领跑者。2023 年，世界排名前十的水资源研究项目有 5 个在中国(包括排名第 1 位的项目)。在大多数水文学期刊中，中国的发文量居世界首位。在这样的背景下，朱国锋及其同事撰写了《干旱区稳定同位素水文学》一书，这是一部能够体现中国对同位素水文学领域贡献的专著。

朱国锋是西北师范大学的教授，主持多个国家自然科学基金项目和农业农村部项目，在中国干旱区建立了系统的水同位素观测系统(位于西北师范大学石羊河流域生态环境综合观测研究站)，发表了许多与干旱区同位素水文学工作相关的高质量论文，申报多项专利，有很好的条件来完成这部专著的撰写工作，他的团队及合作者也有非常好的研究积累。

该书首先概述同位素水文学理论、方法及全球同位素的控制因素等基础知识，介绍同位素观测和实验方法。接下来深入探讨干旱区降水、地表水和地下水的同位素特征及影响因素。然后介绍多个同位素水文学领域前沿和热点问题，如植物用水策略、土壤水同位素组成及气候变化对干旱区不同水体同位素的影响。最后一章讨论了水库建设、城市化和调水工程等人类活动对稳定水同位素的影响，提出了利用稳定同位素分析和预测水文和气候变化的可能性。

该书可以作为在干旱区使用稳定同位素研究水文过程的指南，很好地结合了理论和实践，提供了丰富的研究案例以说明稳定同位素技术在干旱区的应用，无疑将促进中国和全球干旱区稳定同位素水文研究的发展。

朱国锋及其团队撰写的《干旱区稳定同位素水文学》一书可指导在干旱环境中运用同位素水文学方法开展水文和生态研究，我相信顾慰祖先生会为此感到欣慰。

Jeffrey J. McDonnell

加拿大皇家科学院院士

加拿大萨斯喀彻温大学全球水安全研究所教授

2024 年 3 月

前　言

　　水是人类生存和经济社会发展的物质基础，是不可替代的自然资源。现代经济、技术的迅速发展造成水资源开发规模和水污染程度空前扩大。随着全球气候变化和社会经济的发展，全球水文与水资源问题层出不穷，水资源短缺问题成为严重制约人类可持续发展的关键问题。同位素水文技术是研究水文与水资源相关问题的有效技术。近几十年，同位素水文技术在研究水循环过程中发挥着重要和独特的作用，是现代水文学的一个重要组成部分。

　　干旱区面积约占全球陆地面积的 30%，受人口增加、城市化等人类活动及气候变化的影响，干旱区水资源格局的未来变率仍然很大。因此，对水资源的研究，特别是对干旱区水循环特征和模式的研究，对干旱区水资源的可持续利用和管理至关重要。

　　究其根本，同位素水文学是实验科学。该学科的参考书籍应该对稳定同位素的基本概念、理论及实验分析方法进行系统和简明阐述，并对稳定同位素在干旱区水文学的研究成果进行适当的总结。为干旱区广大水文工作者提供参考是撰写本书的初衷，为使内容更完整和前沿，本书总结了国内外干旱区稳定同位素水文学相关研究内容，以"基础理论-技术方法-应用研究"为基本框架。全书共 7 章，第 1 章是绪论，系统地论述稳定同位素的基本理论和概念、同位素分馏、同位素效应及常用的研究方法；第 2 章在重点阐述稳定同位素基本观测和实验分析方法的基础上，列举具体案例进行分析；第 3 章介绍干旱区降水稳定同位素的主要理论和主要影响因素；第 4 章是干旱区地表水与地下水稳定同位素，论述地表水与地下水的转换关系；第 5 章主要介绍土壤水与植物水稳定同位素研究及其在干旱区的主要应用；第 6 章重点论述气候变化和蒸散发对干旱区降水和地表水稳定同位素的影响；第 7 章从水库建设、绿洲农田灌溉、流域内调水等干旱区主要人类活动对稳定同位素的影响进行系统的阐述。

　　本书汇集作者课题组研究成果，由朱国锋等撰写，李瑞统稿，撰写分工如下：第 1 章，朱国锋和蔺馨瑞；第 2 章，贾文雄和刘雨薇；第 3 章，周俊菊和刘雨薇；第 4 章，桑丽源；第 5 章，朱国锋和仇栋栋；第 6 章，周俊菊和王蕾；第 7 章，朱国锋和桑丽源。

　　本书相关研究工作，得到了国家自然科学基金委员会地学部、农业农村部种植业管理司、西北师范大学和甘肃省科学技术厅的大力资助，撰写过程中得到秦大河、刘丛强、Jeffrey J. McDonnell、Todd C. Rasmussen、何元庆、石培基、康世昌等老师的大力支持，在此表示衷心的感谢！

由于作者水平有限，书中难免存在疏漏之处，请读者不吝赐教。

作　者

2024 年 3 月

目　　录

彩图

第1章　绪　　论

1.1　稳定同位素水文学概述

1.1.1　稳定同位素水文学研究背景

同位素技术起源于 20 世纪核科学的发展。同位素是同一种元素的不同原子，原子核中的中子数目不同。氢元素有三种天然存在的稳定同位素(H、D 和 T)，氧元素有三种天然存在的稳定同位素(^{16}O、^{17}O、^{18}O)，每种元素中最轻的同位素含量最丰富。在九种可能的水同位素中，$H_2^{16}O$ 是最常见的(99.73098%)，$H_2^{18}O$、$H_2^{17}O$ 和 $HD^{16}O$ 的含量(分别为 0.199978%、0.037888% 和 0.031460%)则要少得多，但仍可测量。20 世纪 40 年代，科学家发现某些同位素可以作为示踪剂来研究水体的运动。同位素技术在水文学中的应用始于 20 世纪 50 年代，并在此后成为水文学研究中一个广泛使用的技术。同位素能够追踪水的来源，确定地下水的年龄，并能够分析水在不同环境中移动和储存的过程。此外，同位素可用于研究水文过程的不同环节，包括地下水补给、地表水蒸发和地表水-地下水相互转化等过程。水同位素组成的变化可以反映温度、降水模式和其他气候变量的变化，因此同位素也被用于研究气候变化。

近年来，随着全球气候变化的加剧和人类活动影响的增大，全球水文系统变率增大，水资源可持续保障遇到挑战。稳定同位素水文研究对水循环过程的理解和水资源管理起着重要的作用。稳定同位素分析提供了有关水分子来源、途径和转化的宝贵信息。通过研究自然系统中水体不同同位素的丰度，研究人员可以获得关于水文循环有价值的见解，包括水的来源、运动和年龄等，进一步提出合理的水资源管理策略。

1.1.2　稳定同位素水文学研究意义

稳定同位素水文学是一门交叉学科，其产生和发展大大促进了水文学、气候学、地质学和生态学等学科的发展。稳定同位素水文学的研究意义重大。首先，它提升了对全球水循环和地球水资源分布的认识，同位素分析有助于确定地下水、地表水和降水的来源和混合模式，并确定不同来源对径流、含水层补给和蒸散发的相对贡献。其次，稳定同位素水文学研究在水资源管理和环境保护方面具有重要应用，通过了解水及其污染物的运动，可以制订策略来保护水资源。同位素技术在确定地下水和地表水中硝酸盐、有机污染物、无机污染物和重金属等的来源和迁移转化方面优势明显。最后，稳定同位素方法可以深入分析水与生物、气候、地貌之间的相互作用和关系，一方面使得从生态系统角度分析水的来源、迁移转化及对特定生态系统的作用更加容易，另一方面可用来解析地质时期水文、生态系统和气候的变化情况。总的来说，稳定同位素水文学研究对了解水资源的复杂动态和可持续管理至关重要，对于人们进一步了解生态系统变化和地球环境变化具有重要意义，在从水资源管理到气候变化的研究领域应用尤其广泛。

1.1.3 稳定同位素水文学研究进展

1. 水汽和降水稳定同位素研究进展

降水稳定同位素保存着大量的气候信息和水循环演化历史信息。降水稳定同位素的时空变化揭示了大气动态、地形屏障的影响和气候因素控制过程。因此，降水稳定同位素可作为水汽源的自然示踪剂或利用其变化来反演大气过程，进而反映气候和区域特征。学者在区域、流域尺度上对降水稳定同位素的组成进行了大量的研究，并取得了一系列成果。降水稳定同位素的空间变化是区域气候环境背景和局部地理因素相互作用、综合影响的结果，也是识别降水水汽来源的有力示踪剂。研究降水稳定同位素特征有助于揭示大气和气候过程，这些过程使降水稳定同位素特征在区域至大陆尺度上的空间分布模式发生变化，包括同位素值(δ值)随着与海岸距离(大陆效应)、海拔(海拔效应)及纬度的增加(纬度效应)而变化等模式。

在过去的几十年中，稳定同位素技术被广泛地应用到水循环过程的各个环节，如追踪降水水汽来源、流域径流来源、水汽再循环及云下二次蒸发效应研究。1961年，全球降水同位素网络(Global Network of Isotopes in Precipitation，GNIP)建立，GNIP 观测方案极大地丰富了降水稳定同位素组成及其与环境效应之间关系的研究。随着气候变化的加剧，过去几十年在全球许多典型地区逐步建立了降水稳定同位素监测网络，如北美洲的五大湖和格陵兰岛、亚洲的湄公河流域和印度河流域。我国研究人员在西北地区和东部季风区建立了降水稳定同位素监测网络，利用观测到的降水稳定同位素值，探讨这些地区降水稳定同位素的时空分布规律，从而加深了对区域水循环的认识。

水汽中的稳定同位素已被用于追踪水分来源，并确定水蒸气的运输途径。例如，Tremoy 等(2014)利用高频、近地表水汽同位素组成，将尼日尔共和国尼亚美地区的降水事件分为三类，并确定了中尺度沉降和雨水蒸发对同位素演变的作用。此外，卫星观测到的水汽同位素数据还被用来分析对流混合及水量平衡等水文循环过程。这些研究表明，高分辨率的降水或水汽同位素观测是确定降水过程更详细信息的有效工具。

测得的水汽δD(D 的同位素比值相对于参比同位素的千分差)范围从温带地区的–250‰到非洲上空的近 0‰。在北半球大陆上，同位素的变化主要可以用温度和大陆效应来解释。随着温度的降低(纬度的升高)，或者随着气团从欧洲向西伯利亚移动，水汽逐渐减少。在热带地区，同位素变化明显。夏季季风期间，印度上空的同位素值与附近的海洋相似，但亚洲上空的整体同位素值低于海洋，反映了这些地区夏季降水水汽来源和过程的明显差异。相比之下，南美洲上空的水汽在对流层中下部的北方降水中最富集，这表明蒸腾和对流可能会影响观测到的气团。亚马孙雨林北部冬季雨季的同位素分布与北部夏季相似，但是其雨季的大部分水汽受到对流的影响。

2. 稳定同位素水循环研究进展

稳定同位素水文学的研究和应用领域不断扩展，技术方法和研究手段呈现出多学科交叉、多要素整合的综合发展趋势，为探究同位素水循环提供了有力支撑。许多常规水文学方法难以明确的水体间水力联系、转换迁移过程、运移路径和过境时间等问题，通过同位素水文学方法可有效解决(Nienhuis et al.，2020)。稳定同位素示踪技术的发展和成熟为流域水循环规律研究提供了高效准确的方法和途径，为量化水循环各个环节之间的转化过程找到了突破口。通过稳定同位素手段解释水循环各个环节变化机理的研究主要集中在以下几个方面：①流域或区域尺度的降水水汽来源及迁移转化过程；②不同流域地表水与地下水的相互转化作用；③典型流域和区域径流的生成和补给转化机制；④不同流域水年龄、循环速度、过境时间、更新周期、补给来源和补给高程的估算。

稳定同位素数据在解决干旱区水循环过程等现实水文水资源问题中发挥着重要作用。首先，水的同位素组成可以作为水源的有力示踪剂。大气在降水和整个季节循环中产生同位素值(δ值)的自然变化，土壤或地下水的同位素值反映了水文系统的水源变化。其次，同位素值及其变化可以研究其他方法无法追踪的重要水循环过程。蒸发产生独特的同位素效应，可以在氢–氧(H-O)或三氧同位素(^{18}O-^{17}O-^{16}O)数据中检测到，并可以从大气湿度和水蒸气同位素值的协方差中得到(Mulligan et al.，2020)；这些信号已被用来量化雨滴再蒸发对大气水平衡的重要性。最后，同位素值可以整合水通过水文循环运动的历史信息。单个地表水样品的同位素值可以反映整个流域的降水输入和表面蒸发时间的信息。

为了加强采用同位素技术对干旱区不同水体特征、动力机制和迁移转化过程的研究，学者采用大量基于同位素示踪技术的方法研究了干旱区的水循环机制，主要包括：①追踪大气水汽输送路径的混合单粒子后拉格朗日后向轨迹模型；

②确定区域再循环水分贡献的混合单粒子后拉格朗日后向轨迹模型；③同位素质量平衡模型和改进的同位素动力学研究的 Craig-Gordon 模型；④确定径流路径的贝叶斯混合模型和传统的端元混合模型(EMMA)；⑤用于估计流域水循环速率的过渡概念模型和综合参数模型；⑥用于模拟地下水流动路径和物料输送等问题的SEAWAT 模型。

3. 稳定同位素生态水文研究进展

1) 不同生态系统中植物水分来源的研究

赵良菊等(2008)通过分析黑河下游极端干旱区荒漠河岸林木质部水及不同潜在水源稳定氧同位素组成，发现不同水源对河岸植物的贡献不同，并且河岸植物对不同水源的利用情况随季节发生变化。研究进一步表明，乔木胡杨主要利用40~60cm 土层的土壤水和地下水，灌木柽柳主要利用 40~80cm 土层的土壤水，人工梭梭主要利用 200cm 至饱和层土壤水和地下水，戈壁红砂主要利用 175~200cm 土层的土壤水。朱建佳等(2015)以柴达木盆地的格尔木作为研究区域，分析了沙拐枣、合头草、驼绒藜和麻黄 4 种典型地带性荒漠灌木的水分来源。生长初期，植物主要利用河水和地下水；生长中后期，合头草利用浅层土壤水，其他3 种植物利用较深层土壤水和地下水。研究表明，在新疆准东荒漠区，梭梭和白梭梭主要利用 140~200cm 土层的土壤水，琵琶柴利用 0~80cm 土层的土壤水，盐生假木贼和刺旋花利用 0~60cm 土层的土壤水，并且梭梭和白梭梭、盐生假木贼和刺旋花两两之间存在水源竞争的现象。此外，边俊景等(2009)认为隐性降水是干旱环境下植物的重要水源。

近年来，针对湿润区植物水分来源的研究逐渐增多，主要研究对象为自然保护区的生态林。李鹏菊等(2008)对西双版纳石灰山热带季节性湿润林进行了研究，发现该区域植物主要通过自身发达的根系利用深层土壤水和地下水。在贵州南部的喀斯特森林生态系统中，无论雨季还是旱季，表层岩溶水都是植物的稳定水源。在石林巴江流域的溶丘洼地中，原生林主要利用 20~100cm 土层的土壤水，次生林主要利用 0~20cm 土层的土壤水和表层岩溶水，人工林对 0~50cm 土层土壤水的吸收比例最高，灌丛则主要利用 0~50cm 土层的土壤水和表层岩溶水(朱秀勤，2014)。王锐等(2020)发现，在亚热带湿润地区，樟树主要利用 0~40cm 土层的土壤水，刺杉、栀子花和野茶花利用 0~20cm 土层的土壤水。

在高寒区，利用氢氧稳定同位素技术分析植物水分来源的研究较少。具鳞水柏枝是我国高寒地区广泛分布的优势河谷灌木。研究发现，河岸边的具鳞水柏枝在 6 月、7 月主要利用地下水与河水，8 月主要利用 0~20cm 土层的土壤水，9月水源不详；在祁连山东段，亚高山灌丛降水贡献率最大，其次为 0~10cm 土层的土壤水，地下水对各种植物水分的贡献率最小。此外，寒区灌木的植物水分来源与乔木相似。在自然和人为生态系统中，水资源对植物生产力和物种多样性都起着至关重要的作用，决定了植物的分布和生态功能。利用氢氧稳定同位素技术分析植物水源的研究日益增多且逐渐成熟。对植物水分利用模式进行研究，有利于制订合理的生态用水配置方案，以保证在缺水的大背景下，生态用水能被植物有效利用。

2) 不同植物物种的水分来源研究

氢氧稳定同位素具有很强的示踪性，利用氢氧稳定同位素技术来研究植物的水分来源，是生态学领域中的一项重要工作。探究不同植物物种(乔木、灌木、草本和农作物)的水分来源，有利于促进对土壤-水-植物相互作用的理解。不同植物物种具有不同的水分来源。Ehleringer 等(1991)对木质部水氢同位素值的季节性变化进行了研究，数据分析表明，木本植物和多年生草本植物在生长过程中同时利用了夏季降水和冬春季降水，草本植物对夏季降水的依赖程度更高。在黄河兰州段，多枝柽柳、芦苇和榆树都主要利用 0~30cm 土层的土壤水(苏鹏燕，2021)。此外，有研究表明，不同林龄的刺槐具有不同的水分利用特征，并对降水变化表现出不同的响应。较老的刺槐通过增加水分利用率而不是改变水源来应对水资源可用性的增加(杨建伟等，2004)。Wu 等(2022)利用同位素技术研究了经济树种水分利用的差异。与苹果树和桃树相比，核桃树具有灵活的水分利用模式和较高的生态可塑性，它可以通过吸收深层土壤水来缓解干旱。

在毛乌素沙地，傅旭(2020)研究了不同类型固沙灌木(油蒿、羊柴、紫穗槐、沙地柏)生长季的水分来源。油蒿的水分来源分布较为均衡，能有效利用浅层和深层土壤的水分，而沙地柏和紫穗槐主要依赖深层(40~100cm 土层和 60~140cm 土层)土壤的水分，羊柴在不同生长期水分利用来源表现出较大差异。Chen 等(2021)探讨了季节和坡向对黄土高原典型阳坡灌木柠条水分利用格局的影响。研究结果表明，阴坡和阳坡的柠条都会季节性地从不同土壤层转换水源。在天山林区，灌木群落主要树种通过可塑性转换水分来源来应对环境水分变异。当浅层土壤含水量较高时，大部分灌木主要依赖浅层土壤水，也有灌木同时吸收利用其他潜在水源。当浅层土壤含水量较低时，所有灌木转换利用深层土壤水(古丽哈娜提·波拉提别克，2021)。蒋志云等(2020)研究了青海湖流域典型生态系统中芨芨草的水分利用来源，发现在自然条件下芨芨草主要利用 0~10cm 土层的土壤水，在干旱控制条件下，主要利用 0~30cm 土层的土壤水。有研究表明，在青海都兰地区，降水是猪毛菜的重要水分来源，而 Wang 等(2023)在研究干旱区典型河岸湿地时发现，猪毛菜主要利用 0~60cm 土层的土壤水。

农业是全世界最大的水资源消耗者，超过 70%的地下水和地表水用于灌溉。厘清农作物的水分来源，有利于水资源的合理利用。有研究表明，在黑河流域中游地区，玉米主要利用灌溉水和 0～10cm 土层的土壤水，大约 39%的灌溉水和降水流失到 80cm 以下的土层中，造成大量水资源浪费(赵良菊等，2008)。郭辉等(2019)运用氧同位素焦点法与 SIAR(stable isotope analysis in R，一种稳定同位素混合模型)模型，量化分析了新疆莫索湾地区不同生长期棉花的主要水分来源。结果表明，棉花在膜下滴灌方式下主要吸收 0～40cm 土层的土壤水。在柴达木盆地灌区，3 种田间管理模式下，枸杞不同生长期水分来源不同。平作裸地处理后，根系吸收深层土壤水的平均比例为 36.6%；平作覆膜处理后，根系吸收浅层土壤水的平均比例为 37.7%；垄作覆膜处理后，枸杞对浅层(0～20cm)、中层(20～60cm)和深层(60～100cm)土壤水的利用比例相当(周艳清等，2021)。因此，厘清不同植物的水分利用模式，将加深对植物-土壤-水相互作用的理解，并指导生态系统管理，如选择用于生态恢复的群落配置等。

3) 植物水分来源的研究方法

植物的水分来源可以通过多种方法来确定，如根系挖掘、电阻率法和放射性示踪剂氚等。根系挖掘破坏了植物的生存环境，且耗时耗力，不适合长期研究，并且无法深入了解潜在水源对植物的贡献率。由于电阻数据重建的体电导率图存在不确定性，电阻率法无法精确量化各潜在水源对植物的贡献率。用放射性示踪剂氚判断植物水分来源操作复杂，对植物生存环境要求较高，仅适用于部分地区植物水分来源的研究。

1980 年以来，稳定同位素技术逐渐广泛应用于植物水分来源的研究。在对植物水分来源进行研究时，稳定同位素方法具有以下优势：①植物群落内水的稳定同位素组成往往具有较大的梯度，沿着这些梯度对各水源的稳定同位素进行分析，可以较容易地确定植物的水分来源；②稳定同位素分析只需要非常少量的水，对植物和环境的破坏性较小；③无须通过放射性或非放射性标记即可掌握潜在的水源，从而可以获得标记方法无法获得的连续时间信息。随着同位素技术的迅速发展和完善，学者提出了利用氢氧稳定同位素进行植物水分来源研究的不同方法，包括直接对比法、二元或三元混合模型、吸水深度模型、多元线性混合模型(IsoSource)和贝叶斯混合模型(MixSIR、MixSIAR 和 SIAR)等。

4) 干旱区植物水分来源研究进展

在干旱区植物水分利用策略方面，确定主要植物的水源和各水源的贡献率，可以有效地了解干旱区植物水分利用模式。在干旱的环境中，植物想要生存繁殖，就必须具备灵活的水分利用模式来应对干旱产生的水分胁迫。强烈的干旱事件不仅严重降低了生态系统的初级生产力，而且导致植物大规模死亡。因此，确定植物的水分利用模式将提高对植物生存策略的理解，并指导干旱区的生态系统实践管理。同时，干旱区的降水过程受到强烈云下二次蒸发的影响，具有气候干燥和强蒸发的环境特征。土壤水同位素通过连续蒸发而富集。覆盖地表会减弱土壤蒸发，地膜作为水保持器，使土壤表层水同位素的富集减少。灌溉用水的同位素值比空气中水分的同位素值更小，灌溉活动可以改变土壤水再分配和土壤水同位素值。总的来说，在研究生态系统用水方面，稳定同位素技术为植物、动物及其与环境之间复杂的相互作用提供了宝贵的见解，可以帮助更好地了解生态系统如何运作，以及如何应对水分供应的变化。稳定同位素水文学在土壤生态水文循环中发挥着巨大的作用。在干旱区土壤水动力学研究中，农田土壤水同位素变化的时空特征和蒸发引起的非平衡动态分馏过程是当下的研究热点。蒸发使得土壤水同位素富集，且无地膜覆盖的土壤水同位素比有地膜覆盖的土壤水同位素更富集。灌溉前，蒸发作用是影响土壤水分变化的主要驱动力。灌溉水输入覆盖土时以活塞流为主，输入水与浅层游离水完全混合，不同程度地提高了各土层的储水量。无覆盖物的土壤以优先流为主，水往往会迅速通过浅土层形成深渗。土壤水同位素的时空动态变化记录着降水的输入和土壤水蒸发通量。通常，同位素富集的表层土壤含水量非常低，随着深度的增加，渗透水与土壤孔隙中原有的高含量水分混合，当渗透到最大蒸发渗透深度以下，就不再受到蒸发分馏的影响。降水同位素的季节性变化常被用于追踪土壤水分的渗流过程。具有不同 δD、$\delta^{18}O$ 峰值的降水在活塞流入渗过程中保留在土壤剖面中，随着入渗深度的增大逐渐消失，优先流则会使其保留到土层深处。

1.1.4 稳定同位素的应用

1) 稳定同位素在水资源研究中的应用

稳定同位素在水资源研究中有着广泛的应用，常见的应用如下。①评估水资源管理实践：稳定同位素可用于评估水资源管理实践的有效性，通过分析不同地点水的同位素组成，研究人员可以确定水的使用方式，以及水是否以可持续的速度得到补充。②跟踪水污染：通过分析井水或其他来源水的同位素组成，研究人员可以确定污染的来源及传播方式。③监测水质：稳定同位素可用于监测包括盐度、温度和营养成分的变化，这有助于确定潜在的污染源并评估管理策略的有效性。④评估人类活动对水资源的影响：稳定同位素组成的变化可以反映人类水利工程或水资源利用方面的信息。⑤评估气候变化对水资源的影响：稳定同位素组成的变化可以用来识别全球气候变化对水文水资源格局的影响程度和影响过程。因此，可以说稳定同位素是理解水、环境和人类活动之间复杂相互作用的一个强大且有效的工具。

2) 稳定同位素在水资源管理与规划中的应用

稳定同位素在水资源管理和规划方面有很多应用，包括地下水补给、地表水和地下水的相互作用、水环境质量、水资源分配及水资源管理规划等方面。①稳定同位素可用于确定地下水的年龄和来源。②稳定同位素可用于研究地表水和地下水之间的相互作用。通过分析河流、湖泊和地下水的氢氧稳定同位素组成，可以确定地表水和地下水之间的迁移转化规律。③稳定同位素可用于跟踪水系统中污染物的来源和流动。通过分析不同地点水样的稳定同位素组成，可以确定污染物的来源，并跟踪它们在水系统中的流动。④稳定同位素可用于确定水系统中不同用户的用水量。通过分析不同地点水样的稳定同位素组成，可以确定农业、工业和其他用户使用了多少水。⑤稳定同位素可用于研究气候变化对水资源的影响。通过分析不同地点水样的稳定同位素组成，可以确定气候变化如何影响水循环和水的供应。⑥稳定同位素可为水管理规划提供信息。将同位素数据与其他数据源(如水文模型和社会经济数据)结合，可厘清水资源与人类活动之间复杂的相互作用，帮助决策者更好地制订水资源管理计划。

1.2 稳定同位素原理和定义

1.2.1 稳定同位素原理

自然界的物质是由化学元素组成的。原子是元素保持其化学性质的最小单位。卢瑟福(Rutherford)1911年提出和证明原子核的存在以后，人类对于原子及其内部结构有了深入的认识。

原子的中心是原子核(atomic nucleus)。原子是化学反应的基本微粒，在化学反应中不可分割，但在物理状态中可以分割。原子由原子核和绕核运动的电子构成。一个正原子包含一个致密的原子核及若干围绕在原子核周围带负电的电子。反原子的原子核带负电，周围的电子带正电。正原子的原子核由带正电的质子和电中性的中子构成。原子核中的反质子带负电，从而使原子的原子核带负电。围绕原子核运动的电子决定着物质的化学性质。

原子核，简称"核"，位于原子的核心部分，由质子和中子两种微粒构成。质子由两个上夸克和一个下夸克构成，中子由两个下夸克和一个上夸克构成。质子是稳定粒子，是所有原子核的构成成分，带有单位正电荷，电荷大小与电子等同，而极性相反，因此对于中性原子，质子数等于其核外电子数。化学元素的原子序数即原子核中的质子数。质子是初级宇宙射线的主要成分，也是某些人工核反应的产物。地球的高层大气中有一个区域称为质子层，以质子为主要成分，它是电离层的最外部分。中子不带电荷，可自由通过原子内部的电场。中子与质子按不同比例结合成为各种元素的原子核。束缚于原子核中的中子是稳定的，但是在核外的自由中子却是不稳定的。人工核反应可获得自由中子，并按其能量进行分级，这在同位素水文实验及研究水的元素组成方面有着重要应用。

需要说明的是，原子核由质子和中子构成，只是一种近似，因为已经发现质子和中子并不像 20 世纪初期认识的那样，是不可再分的基本粒子，它们还有相应的内部结构。例如，不带电的中子也具有磁矩，而磁矩本来是存在于原子核的(原子核是带电系统，自旋产生磁矩)。中子有磁矩，表明它存在内部结构。对于这种深层次的粒子物理，需要使用更高能量的设备研究，因此称为高能物理。粒子物理体系中的"标准模型"认为，物质的基本组成单元是的轻子和夸克，它们有不同种类，但是至今还没有发现自由夸克。

氢氧稳定同位素在水体中的变化是在水文学中应用同位素方法的基础。氢的主要同位素质量数为 1(^{1}H)，水圈中丰度为 99.985%，并伴有 0.015% 的重同位素 D 和更重的同位素 T。T 的 β 衰变不稳定，半衰期为 12.43 年，由于该半衰期与许多地下水库的蓄水时间相吻合，在水文研究中有着广泛的应用。放射性氧同位素 ^{14}O、^{15}O、^{19}O 和 ^{20}O 的半衰期都只有几秒，寿命太短，在水文循环研究中应用极少。氧的两种稳定重同位素 ^{17}O 和 ^{18}O，丰度分别为 0.037% 和 0.204%，后者在同位素水文研究中占显著地位(表 1-1)。

表 1-1　氢和氧的主要同位素

元素	质子数	中子数	质量数	丰度/%	符号
氢	1	0	1	99.985	^{1}H
	1	1	2	0.015	^{2}H, D
氧	8	8	16	99.759	^{16}O
	8	9	17	0.037	^{17}O
	8	10	18	0.204	^{18}O

尽管这些同位素是稳定的，不受放射性衰变的影响，但它们可以是自然放射性或宇宙辐射引发的核反应产物或反应物。此外，有些从太阳风中吸积而来的氢，其同位素丰度与地球上的氢有很大不同。

1.2.2　稳定同位素定义及表示方法

1. 稳定同位素定义

同位素(isotope)一词由索迪(Soddy)提出，由两个希腊文 isos(相同)和 topos(位置)组合而成。同位素是指质子数相同而中子数不同的核素，在核素图中排在质子数对应的同一横行中。此类核素质子数相同，是同一种元素的不同原子，它的存在和特性成为同位素水文学的基础。核素不是同位素的同义词，同位素只是核素中质子数相同而中子数不同的一组。

2. 稳定同位素表示方法

一种元素的中子数量变化决定了该元素的质量(原子量)及可能组成分子的不同。例如，重水 $D_2^{16}O$ 的相对分子质量是 20，而正常水 $^1H_2^{16}O$ 的相对分子质量是 18。相对分子质量不同的分子化学反应速率不同，这就产生了同位素分馏(Urey, 1947)。

稳定的环境同位素值是用给定元素中最丰富的两种同位素丰度之比来测量的。对于氧气来说，它是 ^{18}O (陆地丰度为 0.204%)与 ^{16}O (陆地丰度为 99.759%)的丰度之比，约为 0.00204。对于任何给定的含氧化合物，分馏过程都会稍微改变这个比值。

测量同位素的绝对比值或丰度并不容易，需要高精度的质谱设备。科学研究更加关注的是比较稳定同位素值的变化，而不是实际丰度，因此使用了一种更简单的方法。相比测量真实比值，表观比值可以很容易地通过气源质谱测量。由于操作的不同(机器误差)，表观比值与真实比值不同，并且对于同一种机器，机器或实验室不同，甚至日期不同，表观比值可能不同。通过在同一台机器上同时测量一个已知的参考值，可以将样本与参考值进行比较。在数学上，表观比值和真实比值之间的误差被抵消。同位素值可以用符号 δ 表示：

$$\delta^{18}O_{sample} = \frac{m\left(^{18}O/^{16}O\right)_{sample} - m\left(^{18}O/^{16}O\right)_{reference}}{m\left(^{18}O/^{16}O\right)_{reference}} \tag{1-1}$$

式中，$\delta^{18}O_{sample}$ 为样品中 ^{18}O 的同位素值；$m(^{18}O/^{16}O)_{sample}$ 为样品中 ^{18}O 的测量比值；$m(^{18}O/^{16}O)_{reference}$ 为标准样品中 ^{18}O 的测量比值。

由于分馏过程不会造成同位素值的巨大变化，δ 可表示为与参考值的千分偏差(‰)。式(1-1)可以进一步表示为

$$\delta^{18}O_{sample} = \left(\frac{m\left(\dfrac{^{18}O}{^{16}O}\right)_{sample}}{m\left(\dfrac{^{18}O}{^{16}O}\right)_{reference}} - 1\right) \times 1000‰ \, VSMOW \tag{1-2}$$

式中，VSMOW 为维也纳标准平均海水的同位素值。

1.3　同位素分馏及环境效应

1.3.1　同位素分馏

同位素分馏的基础最初是由哈罗德·克莱顿·尤里(Harold Clayton Urey)提出的,他在 1947 年的化学学会会刊上发表了以同位素物质的热力学性质为主题的里程碑式论文。在文章中,Urey 表明同位素分馏可以表示为参与反应的任何两种分子种类相互之间的同位素交换(如 ^{16}O 和 ^{18}O),具体指化合物从一种物理状态或化学组成转变为另一种物理状态或化学组成时,某种化合物中元素的同位素组成发生变化的现象。按分馏机制可将同位素分馏分为两种类型:质量相关的同位素分馏和质量不相关的同位素分馏。在水文循环中,同位素组成的可变性主要是由质量相关的同位素分馏引起的,伴随着水文循环中的相变和传输过程。本小节介绍两种质量相关的同位素分馏过程,即平衡分馏(纯热力分馏)和非平衡分馏(扩散及动力学分馏)。

1. 同位素平衡分馏

当某反应进行到一定阶段后,正逆反应速率相等,只要体系内其他物理性质、化学性质保持原有状态,同位素在不同物质或物相中的分布就保持不变,此时称为同位素平衡状态。处于同位素平衡状态的反应中,同位素在两种物质或物相中的分馏被称为同位素平衡分馏。同位素平衡分馏可以用交换反应来描述:

$$AX_a + BX_b \Longleftrightarrow BX_a + AX_b \tag{1-3}$$

式中, X_a 和 X_b 是元素 X 的两种同位素。

同位素平衡分馏系数 α 由该交换反应的平衡常数 K 定义:

$$K(T) = \frac{(AX_b)(BX_a)}{(AX_a)(BX_b)} = \frac{R_{AX}}{R_{BX}} = \alpha_{AX/BX}(T) \tag{1-4}$$

式中, ( )是各组分的活度;R 是各个同位素测量比值;平衡同位素效应取决于温度(T)。

2. 同位素非平衡分馏

只要原子交换反应没有达到 100%的平衡状态,那么反应系统中总会掺杂一部分非平衡分馏的成分。根据化学平衡和同位素平衡的关系可知,如果化学反应和(或)物相反应进行得不彻底,即尚未达到化学/物相平衡状态,那么该系统的原子交换反应不可能达到平衡状态,此时会有动力学分馏的成分包含在该原子交换反应系统中。即便原子交换反应系统已达到平衡状态，但由于外界条件(温度、压力、反应系统的体积等)的变化或反应物/生成物的添加/去除，本已相等的正逆反应速率有了差异，从而分子层面的平衡被打破，同时原子层面的平衡也被打破，此时发生动力学分馏现象。

自然界的许多同位素分馏具有化学动力学性质，如单向化学反应、蒸发、气体的吸收和扩散、生物过程等。来自动力作用的分馏常比平衡分馏占优势。此外，动力学分馏过程中生成物的稀有同位素较为贫化，而在相应的平衡过程中相对富集。

在单向或不可逆的化学或生物化学反应中，同位素分馏因子为 α_{kin}，通常称为动力学分馏系数，以与热力学或平衡分馏区分。通常，同位素动力学分馏系数定义为

$$\alpha_{kin} = \frac{R_{new}}{R_{old}} \tag{1-5}$$

式中，R_{new}、R_{old} 分别是新、旧同位素的测量比值。根据这个定义，如果 $\alpha_{kin} < 1$，实际过程中同位素消耗；如果 $\alpha_{kin} > 1$，则同位素富集。动力学同位素效应通常大于平衡同位素效应，其原因是原则上一个平衡过程由两个相反的单向过程组成。

3. 同位素分馏过程

1) 蒸发

缓慢的蒸发是同位素平衡分馏的过程，干燥高温条件下的快速蒸发则是非平衡分馏过程。$H_2^{18}O$ 和 DHO 的蒸汽压差在蒸发过程中造成水相中不均衡的富集，这种差异使 D 在水中富集，在平衡条件下，其富集度大约是 ^{18}O 的 8 倍。平衡常数依赖于温度，并且是可以测量的。蒸发速度限制了水汽交换，从而限制了同位素平衡的程度。蒸发速率的增加会对蒸汽产生动力效应或非平衡同位素效应。动力效应受表面温度、风速(水面切变)、盐度及最重要的湿度影响。在较低的湿度下，水蒸气交换最小化，蒸发成为一个越来越不平衡的过程。

2) 化学交换反应

平流层内的光化学反应使得氧气和臭氧发生同位素交换，使臭氧中的重同位素富集，使氧气中的重同位素贫化。实验室中的模拟反应表明，氧气和臭氧发生的同位素交换以质量不相关分馏的方式进行。因此，臭氧中的 ^{17}O 和 ^{18}O 按 1 : 1 的比例富集，而氧气中的 ^{17}O 和 ^{18}O 则按相同的比例贫化，同位素组成发生改变。除了氧气和臭氧之间的同位素交换外，平流层内的光化学反应还能够使臭氧和二氧化碳发生同位素交换。

还有一种同位素分馏类型是原子或分子在浓度梯度上的扩散，这可以是在另一种介质中的扩散(如 CO_2 通过静态空气柱扩散、Cl^- 通过黏土扩散)或气体扩散到真空中。分馏的原因是同位素之间扩散速度的差异。

1.3.2　同位素环境效应

1) 温度效应

温度效应是指降水稳定同位素随温度上升而富集的现象。天然水的蒸发-凝聚和该过程中的氢氧稳定同位素分馏都受温度控制,同位素分馏强度与温度成反比。因此,温度是降水稳定同位素组成的主要控制因子。温度效应具体表现为海拔效应和季节效应,部分地区表现为纬度效应,并且成为引起降水 δ 值发生年际变化或多年变化的主要因素。

2) 降水量效应

Dansgaard(1964)观察到降水量与 $\delta^{18}O$ 之间负相关,这一关系称为“降水量效应”。热带辐合带(ITCZ)通过时的强热带降水特征是高耸的云层和强烈的下沉气流,$\delta^{18}O$ 和 δD 可能会极度贫化,前者高达 $-15‰$。雷暴引起的降水也会产生相同的效应,相比强热带降水同位素值相对富集。在欧洲西北部,在对流风暴期间,已发现 $\delta^{18}O$ 在 1h 内的变化为 $-7‰$。东京 6 月份季节性降水的 δ 值曲线在几年内非常一致,可能是因为该月的降水强度大。在其他(孤立的)情况下,降水量效应并不一致,可能主要取决于降水时的气象条件。在地中海东部,一些大的降水事件是由气团形成的,其来源与通常的冬季降水不同,与其他降水相比具有相当丰富的同位素。在温度变化较小的岛屿台站中,观测到月降水 $\delta^{18}O$ 对降水强度的依赖性,其程度为 $-1.5‰/100mm$。在典型的蒸发线上,少量的雨水通常富含重同位素,特别是在较干旱的地区,这是雨滴落到地面时蒸发的结果。

3) 大陆效应

大陆效应是指离水汽来源(海洋)越远,大气降水越少。由于冷凝过程中发生同位素分馏,冷凝降水的同位素组成比剩余蒸汽的同位素组成更丰富。当气团向内陆移动时,这种分馏继续从气团中去除较重的同位素,使气团中的重同位素更加耗尽,随后由这种更加衰竭的气团形成的降水稳定同位素逐渐贫化。因此,这种效应是冷凝蒸汽演化的结果,较重同位素由于持续外流而贫化。

4) 海拔效应

海拔效应是大气降水的稳定同位素在海拔较高的地方更贫化。在地形降水系统中,气团连续冷却到露点以下,从而导致较高海拔地区的降水量增加。温度较低时,液体和蒸汽之间的分馏增加,加剧了降水稳定同位素的贫化。海拔效应是由凝结水汽演变和凝结温度变化引起的,在很大程度上不能完全与大陆效应分开。据 Friedman 和 Smith(1970)报道,内华达山脉西坡海拔每升高 1000m,δD 的海拔效应变化值约为 40‰。海拔效应在山脉的迎风面得到了很好的体现,Friedman 和 Smith(1970)发现,背风面的海拔效应不明显,这可能是沿着山脉峰顶到背风面的上升气流中形成降水溢出造成的。

5) 纬度效应

纬度效应是大气降水的稳定同位素在纬度较高的地方更贫化。这种效应是高纬度地区雨水增多和在普遍较低温度下同位素分馏增加形成的。纬度效应是在较低的冷凝温度下同位素分馏增加引起气团演变增加形成的，其方式类似于形成海拔效应的方式。

Dansgaard(1964)指出，在全球范围内，沿海站和极地站降水的平均 δD 和 $\delta^{18}O$ 与温度有良好的相关性，平均变化量分别为每摄氏度 5.6‰和 0.7‰。这与平衡分馏系数的温度依赖性一致，表明冷凝是一个平衡过程。

1.4　全球稳定同位素的时空变化

1.4.1　全球降水稳定同位素时空变化

降水稳定同位素在全球的分布特征遵循纬度效应和大陆效应，自赤道向两极地区逐渐贫化，自沿海向内陆地区逐渐贫化。水圈中同位素的丰度并不保持恒定，或由于同位素本身而发生变化，或由于相互作用而发生变化。前者为主动成因，为同位素的天然变化，包括两方面：一是各种类型的核反应可引起同位素组成发生较大的变化，即放射性同位素的衰变和生成；二是各种类型的物理、化学过程可引起同位素组成发生相对微小的变化，即稳定同位素分馏。后者为被动成因，或由于不同水文系统的耦合，或由于输入、输出的混合，或由于水、岩系统的相互作用等。这些同位素丰度的变化是水文过程、地球化学过程、水文环境、外部条件等的综合反映，成为推断、识别水文系统或反演水文过程的依据。全球降水 $\delta^{18}O$ 的分布可说明同位素在冷暖地区的分配。

随着季节的变化，同位素组成会反映降水模式的基本变化，这是因为温度的季节变化使海洋源特征发生变化。根据 GNIP 提供的数据，得到图 1-1，为降水

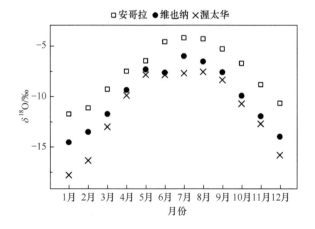

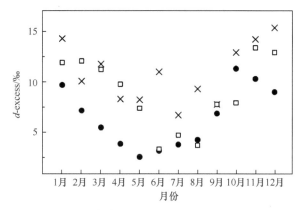

图 1-1　GNIP 大陆站的 $\delta^{18}O$ 和 d-excess 季节性变化

$\delta^{18}O$ 和 d-excess(过量氘)的典型季节变化。$\delta^{18}O$ 和 d-excess 均随季节而周期变化，冬季降水的 d-excess 通常稍大一些。

1.4.2　全球地表水稳定同位素时空变化

　　研究全球地表水稳定同位素的时空变化，对于了解水循环、气候变化和水资源管理具有重要意义。全球地表水稳定同位素时空变化的常见模式和趋势如下。①季节性变化：地表水稳定同位素在不同季节之间呈现出明显的变化，这与季节性降水模式、蒸发作用和水循环等因素有关。在许多地区，夏季和冬季的地表水稳定同位素差异较大，夏季贫化而冬季富集。②地理差异：全球不同地理区域的地表水稳定同位素存在明显的差异。产生这种差异的原因是地形、气候、水体类型和地质特征等的影响。例如，高海拔地区的地表水通常具有较大的 $\delta^{18}O$ 和 δD，而沿海地区和大洋中心的地表水则具有较小的 $\delta^{18}O$ 和 δD。③气候变化影响：气候变化可能使降水量、温度、蒸发和蒸腾等气候要素变化，进而影响地表水稳定同位素的时空变化趋势。例如，全球变暖可能使降水量发生变化，进而影响地表水稳定同位素的分布模式。④水循环变化：随着降水模式、蒸发和蒸腾过程的变化，地表水中的氢氧同位素组成可能发生变化，这可能使一些地区的地表水同位素值出现趋势性的变化。⑤人类活动影响：人类活动会对地表水稳定同位素的时空变化产生影响。农业、工业和城市化等人类活动可以改变水体的同位素组成。例如，农田灌溉使用的水源和工业排放废水可以引入不同的同位素信号，从而使地表水同位素值变化。需要注意的是，地表水稳定同位素的时空变化是一个复杂的研究领域，具体的变化模式和趋势可能因地理区域、水体类型和气候特征等因素不同而有所不同，了解这些变化模式对于理解水循环、水资源管理和环境变化具有重要意义。具体的时空变化模式需要通过长期观测数据和研究来深入分析和验证。为了深入理解全球地表水稳定同位素的时空变化，需要综合利用观测数据、数值模型和统计分析等方法进行研究。

地表水稳定同位素组成承载了流域多方面的信息，既来自大气圈，又来自浅层和深层水圈、土壤圈、岩石圈及生物圈，也是其复杂相互关系的反映，通过地表水稳定同位素组成可了解流域水文循环和水资源条件的背景或进行反演(如气候变化)。河流的蒸发受到流域地形、地貌和人为活动的制约，河水中氢氧同位素组成的时间变化和空间分布，是流域内降水、冰雪融水、地下水等补给源稳定同位素特征及河水所受蒸发影响的综合响应。小流域降水径流量占河川径流量的比例往往较大，河川径流对降水响应快，因此河水稳定同位素组成的时程变化与降水稳定同位素组成有更直接的联系，主要体现了径流补给源的变化；蒸发分馏的影响相对较弱。河水还受到沿程蒸发、不同补给源来水混合及人为活动等的综合影响。从年内或多年变化看，河水的稳定同位素组成变幅小于降水的变幅，大体上在年降水稳定同位素组成平均值附近波动。由于径流形成过程受流域因素影响，河水的平均稳定同位素组成一般比降水更富集。随着流域面积增大，地面径流的沿程滞留作用、地下水和湖泊等水体的调节作用有所增强。此外，流域内降水的海拔效应也影响河水的稳定同位素组成。一般而言，大流域河川径流 $\delta^{18}O$ 的时间变化比中、小流域平缓，但仍有一定的变化规律，包括季节效应或多年变化趋势等，这些规律体现了补给比例的变化及补给源的同位素效应。

大江大河流域往往跨越不同气候区，从上游到下游，河水的稳定同位素组成受到不同补给源、地面水体、人为活动和蒸发的影响，还受到降水同位素大陆效应、海拔效应的影响。对源于高山地区冰雪融水的大河来说，上游地区受源头气温及降水同位素效应等因素的影响更明显,同位素组成较为贫化且季节变化显著。下游随着径流量的增加，当地降水对河川径流的影响逐渐减弱，仅在洪水季节所占比例较大，而支流、湖水、地下水、灌溉回归水及沿程蒸发作用对河川径流的影响逐渐增强，因此河水稳定同位素组成往往与当地降水有较大差异，降水补给与地下水补给的混合也更加复杂。

河水稳定同位素组成的空间分布，实际上是时程变化在空间上的分布，反映了流域内不同位置的降水同位素效应(如海拔效应、纬度效应)、补给源的组成与混合作用、沿程蒸发作用及人为活动等的影响。小流域的空间分布主要是上述一些影响的集中反映，而大江大河稳定同位素的空间分布则更多的是上述各种影响的综合反映。

由于全球地表水稳定同位素影响因素极其复杂，对其空间分布的研究主要在流域或区域开展。Kendall等(2001)曾根据美国391个站点共4800个河水水样的 δD 得到了美国河水 $\delta^{18}O$ 等值线图、过量氘、各站 $\delta^{18}O$ 和 δD 河水线斜率的空间分布等值线图，并将其与环境参数(气温、降水量、潜在蒸散发、高程等)进行回归分析,最后提出用河水线近似代替当地大气水线进行古气候及水文地质重建的设想。即使是中小尺度的流域,其河水线与大气水线也有着显著的差异,说明该假设存在一定的局限性。除降水补给以外,对地表水稳定同位素组成有影响的非降水补给、不同水体的混合、地表水沿程蒸发、人为活动等因素,都可导致河水线斜率大幅降低,从而与大气降水线有很大差异,失去了直接由河水线进行气候还原的意义。Dutton 等(2005)通过对比美国一些降水线与河水线的关系,得出了"河水与降水组分可能存在较大不同,用河水线进行古气候重建时应慎重"的观点。从理论上看,只有空间上存在连续分布的水文因素(如降水量)时才存在等值线概念,即使是小面积降水,只要有一定数量的测点,就可以做出等值线。河水稳定同位素组成是该测验断面以上流域综合自然地理条件的综合反映,与相邻流域不存在连续分布的必然性,因此以站点位置做等值线的方法有待商榷。

1.5 同位素常用研究方法

1.5.1 水汽和降水同位素常用研究方法

1. 大气水线分析

Craig(1961)通过全球各地约 400 个降水及地表水样品拟合得出氢氧同位素值之间的线性相关关系,这种线性关系被称为全球大气水线(GMWL):

$$\delta D = 8\delta^{18}O + 10 \tag{1-6}$$

有学者对全球大气水线进行了拟合验证,发现 Craig 拟合的关系是最合理的。全球不同区域之间的气象条件和地理要素存在差异,局地大气水线(LMWL)是用来衡量不同区域降水蒸发强弱程度的指标,一般蒸发越强,大气水线的斜率越小,反之亦然。

大气水线的计算一般采用最小二乘法,其斜率 a 和截距 b 分别为

$$a = \frac{\sum_{i=1}^{n} xy - \frac{1}{n}\sum_{i=1}^{n} x\sum_{i=1}^{n} y}{\sum_{i=1}^{n} x^2 - \frac{1}{n}\left(\sum_{i=1}^{n} x\right)^2} \tag{1-7}$$

$$b = \frac{1}{n}\sum_{i=1}^{n} y - \frac{a}{n}\sum_{i=1}^{n} x \tag{1-8}$$

式中,n 为样品个数;x 为 $\delta^{18}O$;y 为 δD。

2. d-excess 分析

过量氘(d-excess)是由 Dansgaard 在 1964 年提出的, 其计算公式如下:

$$d\text{-excess}=\delta D-8\delta^{18}O \tag{1-9}$$

Dansgaard(1964)引入 d-excess 的概念, 用以评价区域大气降水因地理与气候因素偏离全球大气水线的程度。d-excess 能够较直观地反映某地区大气降水蒸发、凝结过程中的不平衡程度, 是用来判断水汽来源的有效同位素指标。

3. 多元线性回归

采用多元线性回归方法可以定量识别所有可能的气象因子组合对降水同位素变化的综合影响。多元线性回归模型可以用以下公式描述:

$$\delta^{18}O = \alpha_0 + \alpha_1 \times x_1 + \alpha_2 \times x_2 + \alpha_3 \times x_3 + \cdots \alpha_n \times x_n \tag{1-10}$$

式中, α_n 为不同气候因子的偏回归系数; x_n 为可能的气象参数(包括温度、降水量、相对湿度和海拔等); α_0 为常数。

1.5.2　同位素水循环的常用研究方法

1. 地表水补给源的估算

1) 贝叶斯混合模型

贝叶斯混合模型以更严格的统计方式估计单个成分贡献混合变量的比例。在应用贝叶斯模型之前, 需要对所有水源的稳定同位素值 $\delta^{18}O$、δD 和电导率(electrical conductivity, EC)示踪剂进行科尔莫戈罗夫-斯米尔诺夫检验。贝叶斯模型的先验假设是: 在考虑 $\delta^{18}O$ 和 δD 之间相关性的方法中, 假设径流分量的 $\delta^{18}O$ 和 δD 先验分布为二值正态分布, 平均矩阵和精度矩阵分别为 $\mu^{18}O$、μD 和 Ω [式(1-11)]。假设两个同位素的精度矩阵(Ω)(协方差矩阵的倒数)为威沙特(Wishart)先验:

$$\begin{cases} \begin{bmatrix} \delta^{18}O \\ \delta D \end{bmatrix} \sim Multi-normal \left(\begin{bmatrix} \delta^{18}O \\ \delta D \end{bmatrix}, \Omega \right) \\ \Omega \sim Wishart\left(2, V\right) \end{cases} \tag{1-11}$$

假设径流分量 EC 的先验为正态分布[式(1-12)], 均值为 ε, 方差为 τ。同样, 假设径流分量(ε)的平均 EC 空间变异性遵循正态分布, 均值为 θ, 方差为 ω, τ、θ 和 ω 是由似然观测估计出的参数。

$$\begin{cases} EC \sim Normal(\varepsilon, \tau) \\ \varepsilon \sim Normal(\theta, \omega) \end{cases} \tag{1-12}$$

河流水流的先验分布分两步计算。第一步，假设河水的 $\delta^{18}O$、δD 和 EC 的先验分布与式(1-11)和式(1-12)中径流分量的分布相同；第二步，河水平均矩阵 ($\mu^{18}O$ 和 μD)和 EC(ε)通过每个径流组件的贡献率得到：

$$\begin{cases} \begin{bmatrix} \mu^{18}O \\ \mu D \\ \varepsilon \end{bmatrix}_{河水} = \sum_{i=1}^{N} f_i \cdot \begin{bmatrix} \mu^{18}O \\ \mu D \\ \varepsilon \end{bmatrix}_{径流分量} \\ f \sim Dirichlet(\alpha) \\ \alpha = \rho + \psi \\ [\rho, \psi] \sim Multi\text{-}normal(\beta, \Omega) \end{cases} \tag{1-13}$$

式中，N 为径流分量的个数；贡献向量 f 用具有指数向量 α 的狄利克雷(Dirichlet)分布表示。所有径流分量的贡献率之和($\sum f_i$)为 1。考虑到径流分量贡献率的时空变化，指数向量 α 由两个变量向量来估计，即 ρ 和 ψ。假设 ρ 和 ψ 是具有平均矩阵和精度矩阵的二元正态分布，精度矩阵为 β 和 Ω，β 是一个由似然观测估计的参数向量。

在贝叶斯模型中，统计学和模型的不确定性都用参数的后验分布来表示。参数的不确定性基于使用 MCMC 算法的似然估计。

2) 端元混合模型

基于水化学和同位素组成的传统端元混合模型(EMMA 模型)，已成为分析各种水体潜在补给源的常用方法。三端元混合径流划分模型可描述为一个统一的方程：

$$\begin{cases} Q_t = \sum^{n} Q_m \\ Q_t C_t^j = \sum^{n} Q_m C_m^j, j = 1, \cdots, k \end{cases} \tag{1-14}$$

式中，Q_t 为径流总量；Q_m 为分量 m 的流量；C_m^j 为分量 m 中示踪剂 j 的浓度，在同位素分离中，其中一个示踪剂应该是同位素。

一般采用三端元混合模型计算三种不同源对径流的贡献率，具体原则为

$$X_S = F_1 X_1 + F_2 X_2 + F_3 X_3 \tag{1-15}$$

$$Y_S = F_1 Y_1 + F_2 Y_2 + F_3 Y_3 \tag{1-16}$$

式中，下标 S 表示径流水样；X 和 Y 分别代表两种不同的示踪剂，如 $\delta^{18}O$ 和 Cl^-；

下标 1、2 和 3 为不同主要补给源。贡献率 F_1、F_2、F_3 分别表示为

$$F_1 = \frac{\dfrac{(X_3 - X_S)}{(X_3 - X_2)} - \dfrac{(Y_3 - Y_S)}{(Y_3 - Y_2)}}{\dfrac{(Y_1 - Y_3)}{(Y_3 - Y_2)} - \dfrac{(X_1 - X_3)}{(X_3 - X_2)}} \tag{1-17}$$

$$F_2 = \frac{\dfrac{(X_3 - X_S)}{(X_3 - X_1)} - \dfrac{(Y_3 - Y_S)}{(Y_3 - Y_1)}}{\dfrac{(Y_2 - Y_3)}{(Y_3 - Y_1)} - \dfrac{(X_2 - X_3)}{(X_3 - X_1)}} \tag{1-18}$$

$$F_3 = 1 - F_1 - F_2 \tag{1-19}$$

2. 干旱区湖泊的水平衡估算

在相对封闭的区域，湖水和各水体的稳定同位素保持一般的动态平衡关系，一个典型混合湖泊在水文和同位素稳态下，一年的水平衡和水同位素平衡表示为

$$I = Q + E \tag{1-20}$$

$$I\delta_I = Q\delta_Q + E\delta_E \tag{1-21}$$

式中，I、Q、E 分别为湖水输入量、输出量、蒸发量，单位为 m^3；δ_I 为输入水同位素值；δ_Q 为输出水同位素值；δ_E 为蒸发水同位素值。根据式(1-20)，$Q=I-E$，式(1-21)改写为

$$x = E/I = (\delta_I - \delta_Q)/(\delta_E - \delta_Q) \tag{1-22}$$

式中，x 为蒸发量与输入量的比值。对于混合良好的湖水，$\delta_Q \approx \delta_L$，$\delta_L$ 为湖水的同位素值。虽然干旱区湖泊具有季节性变化的特征，但仍然可用稳定同位素质量平衡来描述湖泊水平衡平均条件。湖泊可以接收湖泊上的降水、地表或地下径流、上游湖泊的输入水，可以近似为

$$I = P + R + J \tag{1-23}$$

$$\delta_I = (P\delta_P + R\delta_R + J\delta_J)/(P + R + J) \tag{1-24}$$

式中，P 为湖泊降水量；R 为径流量；J 为上游湖泊的输入量；δ_P、δ_R 和 δ_J 分别为降水、径流和上游湖水的同位素值。

湖泊蒸发过程中，稳定水的同位素值可以用 Craig-Gordon 模型来描述：

$$\delta_E = [(\delta_L - \varepsilon^+)/\alpha^+ - h\delta_A - \varepsilon_k]/(1 - h + 10^{-3}\varepsilon_k) \tag{1-25}$$

式中，h 为相对湿度；δ_A 为周围水蒸气中稳定的水同位素值；ε^+ 为平衡同位素分馏因子；α^+ 为基于温度的平衡同位素分馏因子；ε_k 为动力学同位素分馏因子。

$$\varepsilon^+ = (\alpha^+ - 1)1000 \tag{1-26}$$

$$\varepsilon_k = (1-h)\theta n C_k \tag{1-27}$$

$$\delta_A = (\delta_p - k\varepsilon^+)\big/(1+10^{-3}k\varepsilon^+) \tag{1-28}$$

式中，初始的 $k=1$，k 的值取决于计算出的蒸发线斜率与实际局部蒸发线斜率之间的差值；C_k 为动力学分馏常数，对于 $\delta^{18}O$，取 14.2‰，对于 δD，取 12.5‰；θ 为水体的权重因子，较大水体的 θ 为 0.5(北美洲五大湖为 0.88，地中海东部为 0.5)，小型水体为 1；n 的取值为 1。

3. 内陆水域对局地降水的影响估算

内陆水域的局部水蒸气通常被认为是内陆水域蒸发产生的局部循环水蒸气和逆风运输产生的外部水蒸气，其中蒸发是湖水循环的重要环节(Turner et al.，1998)。地表水蒸发形成的水蒸气 d-excess 较大，与 d-excess 较小的外部水蒸气混合，混合水蒸气的 d-excess 一般大于混合前的水蒸气，因此可以根据大气水汽中 d-excess 的变化，估算出当地内陆水域水蒸气对大气水汽的贡献率。假设当地水蒸气对大气水汽的贡献率是 $f_{ev}(0<f_{ev}<1)$，输入水蒸气对当地大气水汽的贡献率是 $1-f_{ev}$，当地蒸发水汽的 d-excess 为 d_{ev}，顺风输入水汽的 d-excess 为 d_{adv}。局部大气水汽的 d-excess(d_{pv})可用式(1-29)表示：

$$d_{pv} = d_{ev} \times f_{ev} \times d_{adv} \times (1-f_{ev}) \tag{1-29}$$

式(1-29)可表示为

$$f_{ev} = \frac{d_{pv} - d_{adv}}{d_{ev} - d_{adv}} \tag{1-30}$$

对于每种类型的水体，d-excess 可以由氢和氧同位素值得出，计算公式为

$$d\text{-excess} = \delta D - 8\delta^{18}O \tag{1-31}$$

局部大气水汽氢氧同位素值 $\delta^{18}O_{pv}$ 和 δD_{pv}，可由式(1-32)和式(1-33)计算：

$$\delta^{18}O_{pv} \cong (\delta^{18}O_p - \varepsilon_{eq}^{18})\big/(\alpha_{w-v}^{18}) \tag{1-32}$$

$$\delta D_{pv} \cong (\delta D_p - \varepsilon_{eq}^2)\big/(\alpha_{w-v}^2) \tag{1-33}$$

式中，α_{w-v}^{18} 和 α_{w-v}^2 分别为 $\delta^{18}O$ 和 δD 的平衡分馏系数，可根据水蒸气界面温度的经验方程计算[式(1-34)、式(1-35)]；ε_{eq}^{18}、ε_{eq}^2 和 $\Delta\varepsilon^{18}$、$\Delta\varepsilon^2$ 分别为 $\delta^{18}O$、δD 的平衡富集系数和动力学富集系数，分别根据基于大气边界层条件和湿度条件的经验方程计算[式(1-36)～式(1-39)]，平衡富集系数反映了水蒸气离开水蒸气界面进入大气分子扩散层时的额外同位素富集效应。

$$10^3 \times \ln\alpha_{w-v}^{18} = -7.658 + \left(\frac{6.7123\times10^3}{T}\right) - \left(\frac{1.6664\times10^6}{T^2}\right) - \left(\frac{0.35041\times10^9}{T^3}\right) \tag{1-34}$$

$$10^3 \times \ln\alpha_{w-v}^2 = -161.04 + \left(\frac{794.84 \times T}{10^3}\right) - \left(\frac{1620.1 \times T^2}{10^6}\right) - \left(\frac{1158.8 \times T^3}{10^9}\right) \tag{1-35}$$
$$+ \left(\frac{2.9992 \times 10^9}{T^3}\right)$$

$$\varepsilon_{eq}^{18} = \alpha_{w-v}^{18} - 1 \tag{1-36}$$

$$\varepsilon_{eq}^2 = \alpha_{w-v}^2 - 1 \tag{1-37}$$

$$\Delta\varepsilon^{18} = 14.2 \times (1-h)/1000 \tag{1-38}$$

$$\Delta\varepsilon^2 = 12.5 \times (1-h)/1000 \tag{1-39}$$

根据简化的 Craig-Gordon 水蒸发模型,可以得到地表水蒸发产生的稳定同位素值 $\delta^{18}O_{ev}$ 和 δD_{ev}:

$$\delta^{18}O_{ev} \cong \frac{(\delta^{18}O_s - \varepsilon_{eq}^{18})/\alpha_{w-v}^{18} - h \times \delta^{18}O_{adv} - \Delta\varepsilon^{18}}{1 - h + \Delta\varepsilon^{18}} \tag{1-40}$$

$$\delta D_{ev} \cong \frac{(\delta D_s - \varepsilon_{eq}^2)/\alpha_{w-v}^2 - h \times \delta D_{adv} - \Delta\varepsilon^2}{1 - h + \Delta\varepsilon^2} \tag{1-41}$$

式中,$\delta^{18}O_s$、δD_s 和 $\delta^{18}O_{adv}$、δD_{adv} 分别为当地地表水中和迎风水蒸气中稳定氧、氢同位素值;h 为水面上的大气相对湿度。迎风水蒸气同位素值可由式(1-42)计算:

$$\begin{cases} \delta^{18}O_{adv} \cong \delta^{18}O_{pv} + (\alpha_{w-v}^{18} - 1) \times \ln F \\ \delta D_{adv} \cong \delta D_{pv} + (\alpha_{w-v}^2 - 1) \times \ln F \end{cases} \tag{1-42}$$

式中,F 为水汽开始和结束两个地点的水汽压之比。

4. 地表水对地下水的影响估算

应用地下水位波动法,可以估算出地表水对地下水的补给情况。假设在给定时间段 $\Delta t(s)$ 内观测到水位上升 $\Delta h(m)$,这是地表水对地下水补给量 R 和地下水流量 D 之间平衡的结果(Deemer et al.,2016),表示如下:

$$(\Delta h/\Delta t) \cdot S_y = R + D \tag{1-43}$$

式中,S_y 为比收率,为常数。

地下水流量 D 是横向流入量和流出量之差,可以用式(1-44)估计:

$$D = (\Delta h_d/\Delta t) \cdot S_y \tag{1-44}$$

式中,Δh_d 为在给定时间段 Δt 内无补给引起的地下水位变化(m)。

结合式(1-43)和式(1-44)，地表水对地下水的补给量为

$$R = (\Delta h / \Delta t - \Delta h_d / \Delta t) \cdot S_y \tag{1-45}$$

5. 地表水对土壤水的影响估算

利用稳定同位素计算含水区渗透补给，需要以下假设：①含水区土壤水具有不同同位素组成的补给源；②地下水水平流动缓慢，不改变同位素峰值位置；③取样深度在植物根系以下。使用稳定同位素δD和$\delta^{18}O$土壤水包含区垂直剖面，和渗透补给时间对应的峰值位置，结合峰值之间的土壤含水量，可以计算渗透期间的补给量(Sternberg et al.，1987)。

在包含区稳定同位素分布中，假设Z_1和Z_2深度的δD和$\delta^{18}O$峰值分别对应t_1和t_2时刻的渗透补给量，则$t_1 \sim t_2$地下水垂直渗透的平均流量$\bar{v}$表示为

$$\bar{v} = \frac{\Delta D}{\Delta t} \tag{1-46}$$

渗透补给量R可以表示为

$$R = \theta \cdot \Delta D \tag{1-47}$$

式中，θ为Z_1和Z_2深度之间的平均土壤体积含水量；$\Delta D = Z_1 - Z_2$。

在$t_1 \sim t_2 (\Delta t)$时段内，渗透补给强度$\bar{R}$为

$$\bar{R} = \frac{R}{\Delta t} = \theta \cdot \bar{v} \tag{1-48}$$

通过追踪不饱和区域剖面的$\delta^{18}O$和δD，可以较准确地估计不同土层的地表水和地下水补给量，并确定水的运动过程。

6. 不同水体过境时间的估计

利用过境时间概念模型(TRANSEP)估计过境时间(TTD)和平均过境时间(MTT)的分布。

从降水到达集水区表面到离开流域，盆地内的水循环形成河流所需的时间称为该盆地的水过境时间，可以用过境时间(TTD)和平均过境时间(MTT)的分布来描述。通过分析降水和径流中稳定同位素示踪剂的输入-输出关系，再利用时间序列模型来识别和估计集水区的TTD和MTT。

$$P_{\text{eff}} = p(t)s(t) \tag{1-49}$$

$$s(t) = b_1 p(t) + (1 - b_2^{-1}) s(t - \Delta t) \tag{1-50}$$

式中，P_{eff}为有效降水量；$p(t)$为降水量；$s(t)$为初步降水指数；Δt为一天的计算时间步长；b_1为总模拟径流与总有效降水匹配的比例因子；b_2为每个降水事件的权

重。初始预沉淀指数条件设置为 0。

$$C_S(t) = \frac{\int_0^t C_P(t-\tau)P_{eff}(t-\tau)h(\tau)d\tau}{\int_0^t P_{eff}(t)h(\tau)d\tau} \tag{1-51}$$

式中，$C_S(t)$ 为 t 时刻河水的模拟同位素值；$P_{eff}(t-\tau)$ 为 $t-\tau$ 时刻的有效降水量；$C_P(t-\tau)$ 为 $t-\tau$ 时刻降水的同位素值。

$$h(\tau_t) = h_f(\tau_t) + h_s(\tau_t) = \frac{\theta}{\tau_f}\exp\left(-\frac{\tau}{\tau_f}\right) + \frac{1-\theta}{\tau_s}\exp\left(-\frac{\tau}{\tau_s}\right) \tag{1-52}$$

$$MTT = \tau_f \times \theta + \tau_s \times (1-\theta) \tag{1-53}$$

式中，$h_f(\tau_t)$ 和 $h_s(\tau_t)$ 分别为快速响应水库和慢速响应水库的流道分布；θ 为将输入归类为快速响应水库的系数(取 0～1)；τ_f 和 τ_s 分别为快速响应水库和慢速响应水库的平均过境时间；MTT 为盆地的平均过境时间。

利用 Nash-Sutcliffe 效率(NSE)评价模型效率，以获得河水同位素值的最佳模拟结果：

$$NSE = 1 - \frac{\sum(C_{obs} - C_{sim})^2}{\sum(C_{obs} - C_{obs}^-)^2} \tag{1-54}$$

式中，C_{obs} 为同位素值的观测值；C_{sim} 为同位素值的模拟值；C_{obs}^- 为同位素值的平均观测值。

估计地下水和土壤水的输送时间 t'，采用指数活塞流模型(EPM)：

$$g(t') = \begin{cases} \eta/t_i \exp(-\eta t'/t_i + \eta - 1) & \text{for } t' \geqslant t_i(1-\eta^{-1}) \\ 0 & \text{for } t' \leqslant t_i(1-\eta^{-1}) \end{cases} \tag{1-55}$$

式中，方程由参数 η 积分，表示每种流量类型分布的贡献率，$\eta=1$ 时为指数型模型，$\eta=0$ 时为活塞型模型；t_i 为地下水平均滞留时间。

1.5.3 同位素生态水文常用研究方法

1. 贝叶斯混合模型

基于贝叶斯理论的模型一共有 3 种，分别为 MixSIR 模型、MixSIAR 模型和 SIAR 模型，都能用来计算各潜在水源对植物的水分贡献率。其中，MixSIAR 模型融合了 SIAR 模型和 MixSIR 模型的优点，增加了贡献源的多元同位素原始数据源输入形式、随机效应分类变量、残差和过程误差等模块。MixSIAR 模型以 R 语言里的一个安装包为运行基础，主要通过选择源数据类型、固定或随机效应、误差项、先验分布来更准确地估算各水源的贡献率。

2. 多元线性混合模型

当植物水分来源超过 3 个时，二元或三元混合模型无法满足计算需求。为了解决这一问题，提出了多元线性混合模型(IsoSource)。考虑到植物吸水过程中生态机制的复杂性，该模型基于同位素质量守恒原理，提供了一个更灵活、准确的方法，可计算潜在水分来源数目在 10 以内的植物水分来源。

3. 彭曼模型

估算作物蒸散量(ET)，需要选择合适的作物系数与参考蒸散量(ET$_0$)：

$$ET = (K_{cb} + K_e) * ET_0 \qquad (1\text{-}56)$$

式中，K_{cb} 为基础作物系数；K_e 为土壤蒸发系数；ET$_0$ 为参考蒸散量。

ET$_0$ 由 Penman-Monteith 模型计算得出：

$$ET_0 = \frac{0.408\Delta(R_n - G) + \gamma\dfrac{900}{273+T}u_2(e_s - e_a)}{\Delta + \gamma(1 + 0.34u_2)} \qquad (1\text{-}57)$$

式中，R_n 为净辐射量(MJ·m^{-2}·d^{-1})；G 为土壤热通量(MJ·m^{-2}·d^{-1})；γ 为湿度计常数(kPa·℃$^{-1}$)；T 为 2m 高度处日平均温度(℃)；e_s 为气温 T 下的饱和水汽压；e_a 为实际水汽压；u_2 为 2m 高处的风速(m·s^{-1})；Δ 为气温 T 下饱和水汽压与温度关系曲线的斜率。

4. Craig-Gordon 模型

基于同位素质量平衡原理，应用 Craig-Gordon 模型计算开放液-气同位素系统中的蒸发损失量：

$$f = 1 - \left(\frac{\delta_s - \delta^*}{\delta_p - \delta^*}\right)^m \qquad (1\text{-}58)$$

式中，δ_s 为计算水体的同位素值；δ_p 为原始水源的同位素值，通过开放液-气同位素系统中 LMWL 与目标水体蒸发线的交点来计算，公式为

$$\delta^{18}O = \frac{n-b}{a-m} \qquad (1\text{-}59)$$

$$\delta D = a\delta^{18}O + b \qquad (1\text{-}60)$$

a 和 b 分别为 LMWL 斜率和截距；m 和 n 分别为地表水蒸发线的斜率和截距；δ^* 为同位素富集的限制因子，可以通过如下公式计算：

$$\delta^* = \frac{h\delta_A - \varepsilon_k + \varepsilon^+ / \alpha^+}{h - 10^{-3}\left(\varepsilon_k + \varepsilon^+ / \alpha^+\right)} \qquad (1\text{-}61)$$

式中，h 为空气中的相对湿度；δ_A 为周围空气中的同位素值，计算公式为

$$\delta_A = \frac{\delta_{rain} - k\varepsilon^+}{1 + k\alpha^+ \times 10^{-3}} \tag{1-62}$$

式中，δ_{rain} 为降水稳定同位素值，通过局部蒸发线(local evaporation line，LEL)校正 δ_{rain}；k 为调整参数(模拟的 LEL 斜率与实际观测的 LEL 斜率之差)；ε^+ 为水和蒸汽之间的平衡同位素分馏因子，计算公式如下：

$$\varepsilon^+ = \left(\alpha^+ - 1\right) \times 1000 \tag{1-63}$$

式中，α^+ 为基于温度的平衡分馏因子，用式(1-64)计算 D 的 α^+，用式(1-65)计算 ^{18}O 的 α^+：

$$10^3\ln^2\alpha^+ = \frac{1158.8T^3}{10^9} - \frac{1620.1T^2}{10^6} + \frac{794.84T}{10^3} - 161.04 + \frac{2.9992 \times 10^9}{T^3} \tag{1-64}$$

$$10^3\ln^2\alpha^+ = -7.685 + \frac{6.7123 \times 10^3}{T} - \frac{1.6664 \times 10^6}{T^2} + \frac{0.35041 \times 10^9}{T^3} \tag{1-65}$$

式中，T 为温度(K)，则 LEL 斜率(S_{LEL})为

$$S_{LEL} = \frac{\left[\dfrac{h\left(10^{-3}\delta D_A - 10^{-3}\delta D_{rain}\right) + \left(1 + 10^{-3}\delta D_{rain}\right)10^{-3}\varepsilon}{h - 10^{-3}\varepsilon}\right]_H}{\left[\dfrac{h\left(10^{-3}\delta^{18}O_A - 10^{-3}\delta^{18}O_{rain}\right) + \left(1 + 10^{-3}\delta^{18}O_{rain}\right)10^{-3}\varepsilon}{h - 10^{-3}\varepsilon}\right]_O} \tag{1-66}$$

式中，ε 为总分馏因子，定义为

$$\varepsilon = \varepsilon^+ / \alpha^+ + \varepsilon_k \tag{1-67}$$

动力学同位素分馏因子(ε_k)(Gat，1996)的计算公式为

$$\varepsilon_k = \left(1 - h\right)n\theta C_D \tag{1-68}$$

式中，θ 为分子扩散分馏系数与总扩散分馏系数之比；n 为表述分子扩散阻力与分子扩散系数相关性的常数；C_D 为描述分子扩散效率的参数，计算 D 与 ^{18}O 时分别取 25.1‰和 28.5‰；对于 k 为 0.6~1.0 时步长为 0.0001 的重复计算过程，k 取决于模拟的 LEL 斜率与观测到的 LEL 斜率之差，当两者之间的差异最小时(或 k 达到边界值 0.6 或 1.0)，得到最终 k 的取值。

m 为同位素富集线的斜率，计算公式如下：

$$m = \frac{h - 10^{-3}\left(\varepsilon_k + \varepsilon^+ / \alpha^+\right)}{1 - h + 10^{-3}\varepsilon_k} \tag{1-69}$$

5. 蒸散发分割

根据土壤水分平衡和同位素质量守恒，可以利用以下方程进行蒸散发分割：

$$m_{\mathrm{f}} - m_{\mathrm{o}} = m_{\mathrm{p}} + m_{\mathrm{i}} - m_{\mathrm{e}} - m_{\mathrm{t}} - m_{\mathrm{d}} \tag{1-70}$$

$$\delta_{\mathrm{f}} m_{\mathrm{f}} - \delta_{\mathrm{o}} m_{\mathrm{o}} = \delta_{\mathrm{p}} m_{\mathrm{p}} + \delta_{\mathrm{i}} m_{\mathrm{i}} - \delta_{\mathrm{e}} m_{\mathrm{e}} - \delta_{\mathrm{t}} m_{\mathrm{t}} - \delta_{\mathrm{d}} m_{\mathrm{d}} \tag{1-71}$$

$$m_{\mathrm{ET}} = m_{\mathrm{e}} + m_{\mathrm{t}} \tag{1-72}$$

式中，m 为水量；δ 为 $^{18}\mathrm{O}$ 的同位素值；下标 f、o、p、i、e、t、d、ET 分别表示土壤水的末状态、土壤水的初始状态、降水、灌溉水、蒸发水汽、蒸腾水汽、深层入渗水、蒸散发水汽；m_{f}、δ_{f}、m_{o}、δ_{o}、m_{p}、δ_{p}、m_{i}、δ_{i} 均可通过实验观测和采样测定获得；δ_{d} 为各土层土壤水 $\delta^{18}\mathrm{O}$ 的加权平均值；由于植物从土壤中吸收水分及水分在植物体内运输到蒸散的过程中不产生同位素分馏，因此 δ_{t} 可用植物茎秆水 $\delta^{18}\mathrm{O}$ 代替；δ_{e} 根据一定温度下的氢氧稳定同位素分馏公式计算：

$$\alpha_{1-v} = (\delta_{\mathrm{s}} + 1000) / (\delta_{\mathrm{e}} + 1000) \tag{1-73}$$

式中，α_{1-v} 为水汽同位素分馏系数，20℃时 α_{1-v} 取 1.0095；δ_{s} 为土壤水同位素值。

参 考 文 献

边俊景, 孙自永, 周爱国, 等, 2009. 干旱区植物水分来源的 D、$^{18}\mathrm{O}$ 同位素示踪研究进展[J]. 地质科技情报, 28(4): 117-120.

傅旭, 2020. 基于同位素示踪法对毛乌素沙地南缘人工固沙植物水分来源的研究[D]. 呼和浩特: 内蒙古师范大学.

古丽哈娜提·波拉提别克, 2021. 天山林区木本植物夏季水分来源差异[D]. 乌鲁木齐: 新疆大学.

郭辉, 赵英, 蔡东旭, 等, 2019. 基于氢氧同位素示踪法探测新疆地区防护林和棉花体系水分来源与竞争[J]. 生态学报, 39(18): 6642-6650.

蒋志云, 张思毅, 吴华武, 等, 2020. 青海湖流域芨芨草斑块对地表水分再分配过程的影响[J]. 水土保持通报, 40(5): 8-14, 47.

李鹏菊, 刘文杰, 王平元, 等, 2008. 西双版纳石灰山热带季节性湿润林内几种植物的水分利用策略[J]. 云南植物研究, 31(4): 496-504.

苏鹏燕, 2021. 基于氢氧稳定同位素的黄河兰州段河岸植物水分来源研究[D]. 兰州: 西北师范大学.

王锐, 章新平, 戴军杰, 等, 2020. 亚热带湿润区樟树吸水的土层来源及研究方法对比[J]. 水土保持学报, 34(5): 267-276.

杨建伟, 梁宗锁, 韩蕊莲, 2004. 不同土壤水分状况对刺槐的生长及水分利用特征的影响[J]. 林业科学, 40(5): 93-98.

赵良菊, 肖洪浪, 程国栋, 等, 2008. 黑河下游河岸林植物水分来源初步研究[J]. 地球学报, 29(6): 709-718.

周艳清, 高晓东, 王嘉昕, 等, 2021. 柴达木盆地灌区枸杞根系水分吸收来源研究[J]. 中国生态农业学报, 29(2): 400-409.

朱建佳, 陈辉, 邢星, 等, 2015. 柴达木盆地荒漠植物水分来源定量研究——以格尔木样区为例[J]. 地理研究, 34(2): 285-292.

朱秀勤, 2014. 石林溶丘洼地地区不同恢复阶段植物水分利用的稳定同位素研究[D]. 昆明: 云南师范大学.

CHEN Z, WANG G, PAN Y, et al., 2021. Water use patterns differed notably with season and slope aspect for *Caragana korshinskii* on the Loess Plateau of China[J]. CATENA, 198: 105028.

CRAIG H, 1961. Isotopic variations in meteoric waters[J]. Science, 133(3465): 1702-1703.

DANSGAARD W, 1964. Stable isotopes in precipitation[J]. Tellus, 16(4): 436-468.

DEEMER B R, HARRISON J A, LI S, et al., 2016. Greenhouse gas emissions from reservoir water surfaces: A new global synthesis[J]. BioScience, 66(11): 949-964.

DUTTON A, WILKINSON B H, WELKER J M, et al., 2005. Spatial distribution and seasonal variation in $^{18}O/^{16}O$ of modern precipitation and river water across the conterminous USA[J]. Hydrological Processes, 2005, 19(20): 4121-4146.

EHLERINGER J R, PHILLIPS S L, SCHUSTER W S F, et al., 1991. Differential utilization of summer rains by desert plants[J]. Oecologia, 88(3): 430-434.

FRIEDMAN I, SMITH G I, 1970. Deuterium content of snow cores from Sierra Nevada Area[J]. Science, 169(3944): 467-470.

GAT J R, 1996. Oxygen and hydrogen isotopes in the hydrologic cycle[J]. Annual Review of Earth and Planetary Sciences, 24(1): 225-262.

KENDALL C, COPLEN T B, 2001. Distribution of oxygen-18 and deuterium in river waters across the United States[J]. Hydrological Processes, 15(7): 1363-1393.

MULLIGAN M, VAN SOESBERGEN A, SÁENZ L, 2020. GOODD, a global dataset of more than 38,000 georeferenced dams[J]. Scientific Data, 7(1): 31.

NIENHUIS J H, ASHTON A D, EDMONDS D A, et al., 2020. Global-scale human impact on delta morphology has led to net land area gain[J]. Nature, 2020, 577(7791): 514-518.

TREMOY G, VIMEUX F, SOUMANA S, et al., 2014. Clustering mesoscale convective systems with laser-based water vapor $\delta^{18}O$ monitoring in Niamey(Niger)[J]. Journal of Geophysical Research: Atmospheres, 119(9): 5079-5103.

TURNER J V, BARNES C J, 1998. Modeling of Isotope and Hydrogeochemical Responses in Catchment Hydrology[M]//KENDALL C, MCDONNELL J. Isotope Tracers in Catchment Hydrology. Boston: Elsevier.

UREY H C, 1947. The thermodynamic properties of isotopic substances[J]. Journal of the Chemical Society(Resumed): 562.

WANG L, ZHU G, LIN X, et al., 2023. Water use patterns of dominant species of riparian wetlands in arid areas[J]. Hydrological Processes, 37(3): e14835.

WU W, TAO Z, CHEN G, et al., 2022. Phenology determines water use strategies of three economic tree species in the semi-arid Loess Plateau of China[J]. Agricultural and Forest Meteorology, 312: 108716.

第 2 章 稳定同位素观测与实验

2.1 稳定同位素观测概述

1. 稳定同位素观测的意义

稳定同位素具有较好的示踪作用，在研究水循环及水分运移引起的溶质运动过程方面具有独特的优势(Brand et al., 2009)。通过开展稳定同位素观测与实验分析，可以了解同位素的变化情况，从而分析水循环过程，这对于人们更加合理地认识水文过程和利用水资源具有重要意义。

2. 稳定同位素观测的现状及问题

水体的野外采样和实验分析是稳定同位素观测的核心。稳定同位素水样采集是指从研究的水文系统中收集样品，收集的对象通常是不同相态(固、液、气)或不同形式的水(水蒸气、雪、冰、土壤水和植物水)。这些样品可以反映水文、气象或特定生态系统的可靠信息。采样是稳定同位素水文学研究中的一个重要环节，实践表明，采样不当引起的误差可能远远大于一般分析的误差。数据质量和解释误差很大程度上与采样质量有关。除了采样误差外，样本缺乏代表性也会导致研究结果出现误差。采样过程和所选择样品代表性强弱导致的误差，在后期实验和数据分析阶段很难识别，因此采样造成的影响要比分析测定造成的影响更大。从这个意义上来说，在稳定同位素研究过程中，采样的规范性和科学性非常重要。

3. 稳定同位素观测的流程

(1) 前期准备阶段。这一阶段的主要任务包括制订详细合理的采样计划，然后根据采样计划准备所需的材料和设备。

(2) 样品采集阶段。在采样点按照现场采样方案和技术规范采集并分类标记样品。

(3) 后处理阶段。统一按照技术规定登记、保存和管理样品，并按照规范将样品送到实验室进行分析和检测。

2.2　降水观测案例分析

　　降水样品的采集需要根据研究目的制订相应的采样方案。研究目的不同时，可能需要以月、周、天或小时为时间步长开展采样工作。降水稳定同位素研究通常使用特定周期内的样本加权平均值，因此在采样的同时需要使用雨量计测量降水量。对于收集时间较长的降水样本，须使用特殊的采样装置。最常用的是油封取样装置，在取样器中注入至少 10mm 厚的液体石蜡或矿物油，液体石蜡或矿物油漂浮在水面上，可以防止水分蒸发。除油封取样器外，还有几种其他类型的取样器，如球封式降水取样器和袋管式降水取样器。球封式取样器使用聚乙烯球防止水分蒸发。收集降水时，漏斗中的聚乙烯球会浮起来，让水流入采样器，不收集降水时下落覆盖漏斗底部。袋管式降水取样器将水收集在塑料袋中，仅通过一根小的横截面管与外界相通，因此具有非常好的密闭性。此外，塑料袋只在有水的地方打开，所以该设备的顶部空间更小，大大减少了水蒸发的空间。

　　1. 雨量计收集

　　在西北师范大学石羊河流域生态环境综合观测研究站，使用标准雨量计采集降水[图 2-1(a)]。将雨量计放置在一个开放的户外区域，确保距离各类建筑物 50m

图 2-1　采样装置

(a) 雨量计采集降水；(b) 地表水采样；(c) 采集植被茎；(d) 土钻采集土壤样品

以上。雨量计直径为 20cm，设备端口水平。仪器的雨口高度设定为高于地面 70cm。观测人员在雨量计漏斗口放置了防蒸发聚乙烯球，并在容器底部添加石蜡油，以防止蒸发引起同位素分馏。每次降水事件发生后，立即将收集到的液体沉淀转移到 100mL 的高密度聚乙烯样品瓶中。对于固体降水，在室温(23℃)下融化成液态水后，将其转移到高密度聚乙烯样品瓶中密封保存，在聚乙烯样品瓶上贴上标签，注明采集日期、降水类型(雨、雪、冰雹)和降水量，将收集的样品储存在-4℃的冷冻室或样品柜中等待进行实验测试。

2. 降水自动采集器采集

在西北师范大学知行校区气象园，采用降水自动采集器对单个降水事件进行采样。采样器主要由样品收集器、雨水传感器和压盖驱动器组成，传感器感知雨水信号。在降水过程中，设备按照预设的时间间隔依次采集降水样本。降水开始时，雨水传感器接收到信号被触发，采集桶的盖子自动打开，开始采集样品。在干旱区，一般设置仪器的最小采样间隔(10min)为采样间隔，夜间下雨时设置为 30min。在接收到降水信号后，首先采集 1 号瓶，然后按照每间隔特定时间(一般设置为 10min、20min、30min)自动更换一次样品瓶，继续采集 16 瓶后，再更换新的样品瓶，重新编程继续采集样品。在这个过程中，降水通过连接漏斗和旋转分配器的软管流向瓶口。样品瓶由高密度聚乙烯制成，在每次降水事件发生前，将样品瓶和漏斗内多余的水分全部除去，用纯水浸泡后清洗干净，然后晾干，防止降水事件之间的污染。降水自动采集器可以自动记录降水发生日期、降水开始和结束时间及降水量等参数。当降水停止时，降水收集桶会自动关闭，即完成一次降水记录。采样的时间间隔可根据研究区域的具体情况设置。

2.3　地表水和地下水观测

采集地表水时，由于地表水类型较多，如径流水、水库水、湖泊水、灌溉渠系水等，针对不同类型地表水往往会有不同的采集方法。这里主要将地表水分为流动水体和静止水体。

对于流动水体而言，为避免污染的影响，应该尽可能在河流、溪流或渠道中部流速较快的地方采集水样，避免采集河岸边处于静止状态的水体。在水体流速较快的地方，下水采集比较危险，因此在不同情形下有不同的采样方式，具体如下。①除了在一些较小的、流速较缓的河流、小溪和沟渠，可以在确保安全的前提下直接下水采集外，其余情形均不建议下水采集；②在较大的河流、沟渠，可以使用长柄舀水瓢、吊桶等工具打水回到岸边后，再从瓢、桶中灌水采集；③在河面较宽的河流上，可以在桥梁上用吊桶采集，或是乘船采集，或是利用无人船、无人机采集。

对于静止水体而言，需要在湖泊、库塘的中部采集，避免受到周边污染物的影响。由于在野外很难判断水深和水底情况，因此不能直接下水采集，在不同情形下有不同的采样方式，具体如下。①在较小的水塘、湿地，可以使用长柄舀水瓢、吊桶等工具打水回到岸边后，再从瓢、桶中取水采集；②在较大的湖泊、水库，则须乘船或使用无人船、无人机采集；③在样区为水源保护地的情况下，如果确实需要采集，为减少人为干扰，应在获得管理方允许的前提下，采用无人机进行采集。

采集以上地表水样品时，是用吊桶等工具间接采集的，采集时需要涮洗吊桶。在收集水样时，同样需要涮洗水样瓶 3 次，采集水样后密封并编号置于−4℃冷库或专用样品柜中冷藏保存。在采集样品的同时，还需要记录采样时间、气象状况和水流流速等基本信息，作为后期分析的辅助资料。

采集地下水样品时，最好在水文部门设立的地下观测井采样，采集过程中应根据井的类型采取不同的采集方法。①分层观测井或钻井平台是比较理想的采样井，可以获得不同层位的地下水样品，但是多数地区不具备这样的采样条件。②采集机井水时，可以直接在井水出口采集，由于井口常年封闭，可以不用考虑蒸发或污染问题；对于长时间不使用的机井，不建议进行采样。此外，为防止空气混入，不能采集使用风压抽水机的井水样。③采集一般的井水样品时，由于井水经常被大量使用，吊桶等频繁进入会对井水造成一定的污染，因此需要观察井水是否受到蒸发或污染影响，判断是否符合采样规范。

特定区域或流域由于条件限制，没有地下水观测井，因而无法直接采集地下水，但可以通过采集泉水或者井水来代替。采集时需要考虑该样品是否受到蒸发或污染、是否能够代表研究的地下水含水层等问题。采集泉水样品时，需要在泉水出露处进行采集。采集野外泉水样品时，需要先将原有的泉水舀出，待泉水重新渗出后再采集，以减少蒸发影响。采集地下水样品时需要涮洗吊桶，收集水样时同样需要涮洗水样瓶 3 次，采样后密封并编号记录，置于−4℃保温箱中冷藏。记录观测井的修建时间、深度等信息，还需要记录采样时间、气象状况和地下水涌出(渗出)量等基本信息。

以石羊河流域(36°29′N～39°27′N，101°41′E～104°16′E)河湖连续体采样作为干旱区地表水和地下水的案例。在石羊河上游的西营河流域共设置 8 个径流采样点。在中游绿洲地区，设置 5 个地表水采样点。红崖山水库出口采样点至石羊河尾闾湖青土湖处，石羊河主要以人工水渠的形式呈现，水渠流量由红崖山水库控制下泄。在荒漠地区设置包括 10 个湖水采样点的青土湖观测系统。此外，设置了两个水库观测系统，分别是西营水库和红崖山水库，对水库的入口水、水库水和出口水进行了系统性的观测(图 2-2)。

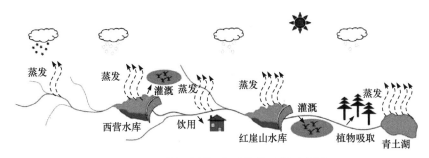

图 2-2　石羊河流域河湖连续体采样示意图

　　在采样前用采样点的水冲刷水样瓶 3 次，瓶口朝上，置于水面以下，装水至约瓶子四分之三处。收集水样完毕后，迅速盖紧瓶盖，用防水胶带粘住瓶口，然后将带有采样点名称、采样日期等信息的标签贴至瓶身。

2.4　土壤水和植物水观测

　　一般来说，植物水主要是指植物中的游离水(自由水)。游离水是相对非自由水而言的。植物从环境中吸收的水，能够运输到植物的其他部位，再通过蒸腾作用返回环境中，这样的就是自由水。除了自由水，植物中还有另一种"水"，即非自由水(束缚水)，如植物碳水化合物和其他有机物中的"水"就属于非自由水。碳水化合物由三种元素组成——碳、氢和氧，其中氢和氧的原子数目比与水分子中的原子数目比相同。在一定条件下(如高温)，碳水化合物可以以 2∶1 的原子数目比剥离氢和氧，即 H_2O 的去除(分子结构中"水"的损失)，保留分子结构中的碳。从植物中提取"自由水"并分析其氢、氧同位素组成时，应注意两个关键点：①应尽可能完全提取制备好样本的自由水部分，以减少同位素分馏造成的误差；②尽量避免提取植物的非自由水部分。因此，萃取温度的控制至关重要，一般控制在水的沸点 100℃ 以下。由于提取温度低于水的沸点，采用真空蒸馏提取植物水。

　　土壤水稳定同位素分析结果受采样质量的影响比其他类型的样品更大。为了减少采样误差，Hsieh 等(1998)提出了一种方法，即不提取土壤水分，直接以含水土壤为样本，用 CO_2 平衡法测定土壤水分的 $\delta^{18}O$。这种方法解决了测定 $\delta^{18}O$ 的问题，但要测定氢同位素(氕和氘)和其他溶质，仍必须提取土壤水。土壤含水量变化很大，当土壤含水量较高时，可直接从场地提取土壤水分(无损采样)；否则，只能提取含水土壤进行实验制备后再进行分析(破坏性采样)。

在西北师范大学石羊河流域生态环境综合观测研究站土壤观测点采集地表至100cm深度的土壤。使用土钻对采样点的土壤每隔10cm深度采集一个样品，在条件允许的情况下，采集到100cm深度处。如果土钻在某些样点无法满足取样要求，人工挖取土壤剖面进行协助取样。将采集的土壤样品放入50mL玻璃瓶中，并用封口膜密封瓶口。使用土壤螺旋钻针对不同植物的根系进行取样，并用数字卡尺测量根径，然后在75℃下使用烘箱烘干根系，计算根系生物量。石羊河流域植物样品基本信息如表2-1所示。将土壤样品分成两部分，一部分放入50mL的玻璃瓶中，其余样品置于50mL铝盒中，采用干燥法测定土壤含水量。

表 2-1　植物样品基本信息

采样点	植被种类	采样质量
变电站	草甸	30g±0.5g
蔡旗桥	玉米(茎)，芦苇，枣(树枝)，旱柳(树枝)	30～100g
东滩	芦苇	30g±0.5g
大滩乡	春小麦(茎)，玉米(茎、根)	30g±0.5g
铧尖乡	柳树(树枝)	100g±0.5g
护林地	青海云杉(树枝)	100g±0.5g
护林站	青海云杉(树枝)	100g±0.5g
武威盆地	玉米(茎)，小麦(茎)	30g±0.5g
西营五沟	杨树(枝)、小麦	100g±0.5g
羊下坝	玉米(茎)	30g±0.5g
苏武乡	玉米、小麦(茎)	30g±0.5g
冷龙岭	青海云杉	30g±0.5g

在各样地选取有代表性、长势良好的优势种。对于乔木，选择生长超过2年的茎，从其茎部截取直径为0.35～0.50cm、长3～5cm的枝条段，将其外皮和韧皮部迅速剥离，保留木质部便于后续研究。对于草本，则取根茎结合处的非绿色部分作为样品。所有植物样品在采样结束后立即装入50mL玻璃瓶中，密封。在样品采集的过程中，尽量保证取样环境的一致性，避免外界条件不同而影响同位素实验结果。另外，植物样品的采集频率应与土壤样品保持一致。

2.5   观测网络设计

2.5.1   设计原则和要求

根据长期观测点的空间从属关系，干旱区稳定同位素水文观测系统由大到小可分为典型区域、长期观测场和长期观测采样地三个层次。野外长期观测站点空间分类和属性分类如图 2-3 所示。

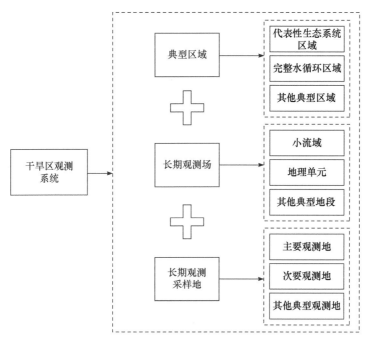

图 2-3   野外长期观测站点空间分类和属性分类

典型区域是根据野外实验和观察目的选择的具有代表性的区域。典型区域可以是流域，也可以是特定水文系统类型的分布区，也可以是根据野外实验和观测目的确定的地理区域，如中国科学院禹城综合试验站代表的是华北平原低洼盐碱地农田水文系统，中国科学院临泽内陆河流域综合研究站所在区域属于典型内陆河绿洲农业水文系统。这些是根据一定的地理特征、水文系统类型或水循环单元建立的典型区域，一般表示观测对象的区域背景信息，在空间尺度上是最大的。长期观测场是在典型区域内设置的用于野外观测或采样的场地，一般是典型区域内的特定观测场，观测结果往往反映了长期观测场的特征。长期观测场根据观测目的不同，在空间大小上可以灵活设置，可以是一个小的观测采样点,也可以是一个小流域、一个地貌单元(如山坡)或一个典型的生态系统。长期观测采样地是通过仪器和设施进行特定观测或采样的采样点,是比长期观测场小一级的场地概念。在一个长期观测场中,可以设置一个或多个长期观测采样地,研究水环境特征时一般包括多个长期观测采样地。长期观测场中长期观测采样地的数量取决于现场不同要素的均匀程度、观测目的、观测指标或观测方法。

将野外长期实验观测的长期观测点在空间上划分为三个层次并不是必须遵守的原则,不同观测目的下对长期观测点的认识也不尽相同。在野外设置长期观测点时,不一定要按三级划分方案进行划分。场地信息是野外实验和观测数据的重要背景信息之一。从数据和元数据的标准化和共享化出发,设计统一的站点分级系统有利于数据和元数据的收集和共享。干旱区稳定同位素水文系统长期野外观测点的选择是研究水文系统和生态水文过程的基础。根据野外观测和实验目的的不同,需要选择不同的观测地点,野外观测地点的选择是非常重要的。干旱区稳定同位素水文长期野外观测点的选择应遵循以下基本原则。①代表性原则:观测点的选择应该代表该地区的典型水文特征。为了准确、全面地反映水循环过程,野外水环境观测大多需要在流域尺度上进行,观察流域尺度水文系统的典型断面,不仅可以反映水体状态对水文系统的影响,还可以观察水文系统特征及其变化对水体运动过程的影响。此外,由于各种原因,许多水环境要素的观测无法在水文系统的长期观测采样地中进行,这种情况下水环境要素的观测采样地点一般应选择在与水文系统长期观测采样地有密切水文接触的地方。②多样性原则:应选择多个观测点以反映不同的水文特征,以更全面地了解该地区的水文过程。③长期性原则:观测点应该设立在一个长期不变的位置,以确保时间序列数据的连续性和稳定性,同时应该坚持长期观测。④精度原则:选择观测点时,应考虑到仪器精度、采样频率、数据处理等因素,以确保数据的准确性和可比性。⑤可访问性原则:观测点应该易于到达和操作,以便进行日常维护和管理。⑥合理布局原则:观测点应该合理布局,覆盖该地区的典型水文系统,并与其他观测点相互补充,以形成一个完整的水文观测系统。

2.5.2　观测网络设计案例

西北师范大学石羊河流域生态环境综合观测研究站目前建成了河源区、绿洲区、生态工程建设区、水库河道系统区、绿洲农田区、盐渍化过程区 6 个观测系统(图 2-4)。设置气象观测站 16 个,水文断面观测点 8 个,地表水采样点观测站 53 个,土壤植被观测点 19 个,建成实验田 20 亩(1 亩 ≈ 666.67m²)。表 2-2 列出了观测网络每个采样点的完整名称、缩写和对应的气象参数,以便对数据集进行识别和使用。

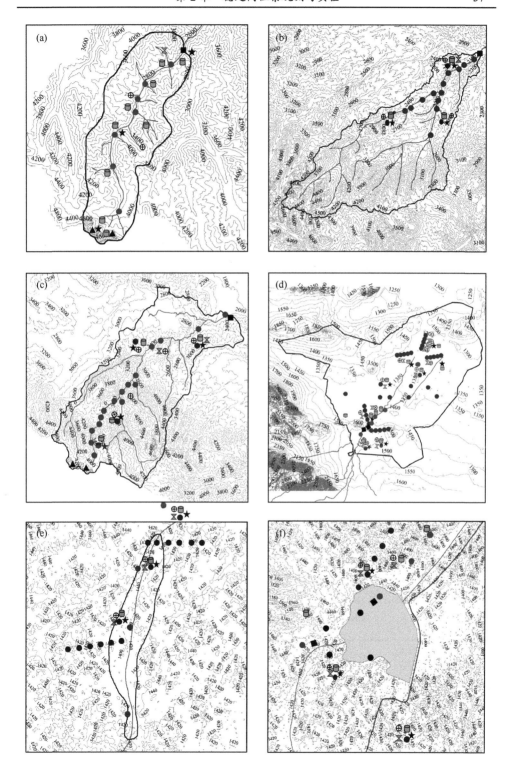

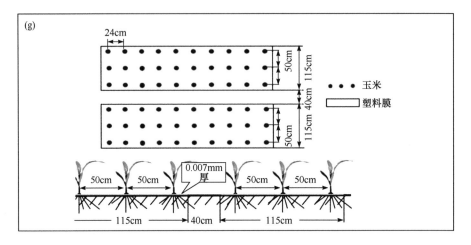

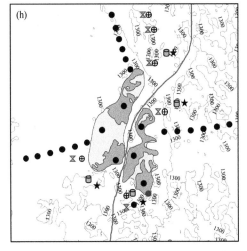

图 2-4　石羊河生态环境综合观测实验站观测系统

(a) 宁昌河观测系统(河源区)；(b) 冰沟河流域观测系统(河源区)；(c) 西营河流域观测系统(河源区)；(d) 民勤土壤
系统(绿洲区)；(e) 东滩湿地观测系统(生态工程建设区)；(f) 红崖山水库河道观测系统(水库河道系统区)；
(g) 大滩乡农田观测系统(绿洲农田区)；(h) 青土湖观测系统(盐渍化过程区)

表 2-2　采样点基本参数列表

缩写	全称	经度	纬度	海拔/m	年均气温/℃	年均降水量/mm	采样类型(缩写)	采样类型(全称)	区域
QHLYXM	青海林业项目	101°51′	37°32′	3899	—	—	hs	河水	a
MK	煤矿	101°51′	37°33′	3647	−0.20	595.10	hs	降水	a
BDZ	变电站	101°51′	37°33′	3637	—	—	tr, zw, hs	土壤，植物，河水	a

续表

缩写	全称	经度	纬度	海拔/m	年均气温/℃	年均降水量/mm	采样类型(缩写)	采样类型(全称)	区域
LLL	冷龙岭	101°28′	37°41′	3500	5.78	350.34	js, zw	降水, 植物	a
SDHHC	隧道交汇处	101°50′	37°34′	3448	—	—	hs	河水	a
LXWL	弯曲路	101°50′	37°34′	3305	—	—	hs	河水	a
NQ	宁前	101°49′	37°37′	3235	—	—	hs	河水	a
SCG	宁前中游	101°50′	37°38′	3068	—	—	hs, js, tr	河水, 降水, 土壤	a
MTQ	木头桥	101°53′	37°41′	2741	—	—	hs	河水	a
HLZ	护林站	101°53′	37°41′	2721	3.24	469.44	hs, js, tr, zw, dxs	河水, 降水, 土壤, 植物, 地下水	a
SCLK	三岔路口	101°55′	37°43′	2590	—	—	hs	河水	a
JTL	九条岭	102°02′	37°51′	2267	—	—	dxs	地下水	a
WGQ	文阁桥	102°07′	37°53′	2174	—	—	hs	河水	a
BGH	冰沟河	102°17′	37°40′	2872	5.28	—	hs, tr	河水, 土壤	b
LKS	两棵松	102°17′	37°40′	2832	5.69	—	hs, tr	河水, 土壤	b
QSHSY	泉水河	102°22′	37°38′	2747	—	—	qs	泉水	b
JCLK	十字路口	102°20′	37°41′	2544	—	—	hs, tr	河水, 土壤	b
QXZ	气象站	102°20′	37°42′	2543	3.34	510.56	js, dxs	降水, 地下水	b
YHRJ	一户人家	102°20′	37°42′	2543	—	—	hs	河水	b
SGZZ	四沟寨子	102°23′	37°40′	2492	10.34	675.54	hs	河水	b
SYQ	实验区	102°22′	37°42′	2438	—	—	hs, tr	河水, 土壤	b
JZGD	建筑工地	102°25′	37°41′	2303	—	—	hs	河水	b
XCL	小村落	102°24′	37°43′	2267	—	—	hs	河水	b
NCHHLH	南昌河	102°26′	37°43′	2163	—	—	hs	河水	b
HLD	护林地	102°26′	37°44′	2146	—	—	hs, tr, zw	河水, 土壤, 植物	b
NYSKRK	南营水库	102°29′	37°47′	1955	7.82	330.16	hs	河水	b
XBZ	薛百镇	103°01′	38°32′	1387	10.77	—	js	降水	b

缩写	全称	经度	纬度	海拔/m	年均气温/℃	年均降水量/mm	采样类型(缩写)	采样类型(全称)	区域
GGKFQ	改革开放桥	101°58′	37°46′	2590	—	—	hs	河水	c
HJX	铧尖乡	102°00′	37°50′	2390	7.65	262.64	hs, dxs, js, tr	河水, 地下水, 降水, 土壤	c
XYSK	西营水库	102°12′	37°54′	2058	—	—	hs	河水	c
XYWG	西营五沟	102°10′	37°53′	2097	7.99	197.67	hs, js, tr, zw	河水, 降水, 土壤, 植物	c
XYZ	西营镇	102°26′	37°58′	1748	10.44	491.35	js	降水	c
WW	武威	102°37′	37°53′	1581	5.23	300.14	hs	河水	c
ZZXL	抓西秀龙	103°20′	37°18′	3556	−2.37	500.17	js	降水	d
QLX	祁连镇	102°42′	38°08′	3394	5.13	300.15	js, qs	降水, 泉水	d
BHZ	保护站	102°29′	38°09′	2787	—	—	dxs	地下水	d
SCG	上池沟	102°25′	38°03′	2400	7.28	377.13	js, hs, dxs	降水, 河水, 地下水	d
YXB	羊下坝	102°41′	38°01′	1489	10.76		js, dxs, tr, zw	降水, 地下水, 土壤, 植物	d
WWPD	武威盆地	102°42′	38°06′	1467	—	—	js, dxs, tr, zw	降水, 地下水, 土壤, 植物	d
JDT	九墩滩	102°45′	38°07′	1464	10.54		js	降水	d
HSH	红水河	102°45′	38°13′	1454	—	—	hs	河水	d
CQQ	蔡旗桥	102°45′	38°13′	1443	5.63	300.26	dxs, hs, tr, zw	地下水, 河水, 土壤, 植物	d
HGG	红旗谷	102°50′	38°21′	1421	8.34	113.16	js, dxs	降水, 地下水	d
MQBQ	民勤乡	103°08′	39°02′	1400	8.33	113.19	tr	土壤	d
XXWGZ	西营五沟镇	102°58′	38°29′	1393	—	—	dxs	地下水	d
SWX	苏武乡	103°05′	38°36′	1372	9.82	155.84	dxs, tr, zw, hs	地下水, 土壤, 植物, 河水	d
XXGC	下新沟村	102°56′	38°37′	1402	—	—	hs	河水	d

续表

缩写	全称	经度	纬度	海拔/m	年均气温/℃	年均降水量/mm	采样类型(缩写)	采样类型(全称)	区域
XJG	下尖沟	102°42′	38°07′	1200	9.36	110.18	dxs	地下水	d
DT	东滩	102°47′	38°16′	1434	8.90	240.05	hs，tr，zw	河水，土壤，植物	e
HYSSK	红崖山水库	102°53′	38°24′	1416	7.81	100.17	hs，dxs，tr	河水，地下水，土壤	f
BDC	北东村	103°02′	38°32′	1367	9.52	155.45	dxs	地下水	g
DTX	大滩乡	103°14′	38°46′	1349	11.49	—	js，dxs，tr，zw，hs	降水，地下水，土壤，植物，河水	g
QTH	青土湖	103°36′	39°03′	1313	7.86	110.79	js，dxs，ls，tr	降水，地下水，湖水，土壤	h

注：区域 a~h 分别见图 2-4(a)~(h)。

基于同位素数据，研究石羊河流域的水汽来源、石羊河产流区径流源和物质运移、水库水坝等水利工程设施对石羊河流域水循环的影响、石羊河流域生态调水对水文过程的影响、绿洲农田水分耗散过程及农业节水等。

2.6 稳定同位素的实验分析

2.6.1 稳定同位素实验室分析仪器与方法

1. 质谱法

1) 气体源质谱法

测定水稳定氢氧等同位素通常采用气体稳定同位素比质谱法(GSIRMS)。测量时将处理好的水样装在 2mL 的进样瓶中，确保水分没有泄漏和蒸发，然后放入仪器进行同位素值测定。

2) TC/EA-IRMS 法

高温裂解元素分析-同位素比质谱(TC/EA-IRMS)法可以在还原环境中迅速、定量地把样品中的氧和氢转换为一氧化碳和氢气，一氧化碳和氢气通过恒温的色谱柱分离后，被分别导入同位素比质谱仪，按顺序测定样品中氢和氧的同位素值。该方法实现了同时检测样品中 D/^{1}H 和 ^{18}O/^{16}O 同位素比值，氢的测试精度小于 1‰。

3) 倍增器和检测器

离子电流为<15A 时需要用二次电子倍增器检测，其原理是：由质量分析器引入具有一定能量的离子束，轰击多级 Cu-Be 电极活性表面时可发射出大量的二次电子，其在加速电压的驱使下依次撞击其他倍增电极片；由于撞击和发射位置不是同一个点，这些二次电子连续倍增，会将离子流转化为电子流，放大倍数可达 10^8，然后用直流或脉冲计数测量电子流强度。

4) 样品处理与质谱法分析

质谱法是最重要的同位素分析方法，不仅精密度高，而且可分析的同位素种类多。其原理是先处理待测物质(如将水分解成氢气和氧气等)，将电荷加载于离子，从真空的电磁场通过，不同重量的微粒会发生偏移，落向不同的靶位，通过靶位上的电信号来确定稳定同位素的丰度。

2. 激光光谱法

1) 谐波生成法

常用的谐波分析方法使用傅里叶变换，将时域的离散信号按傅里叶级数展开，得到离散的频谱，再从离散的频谱中挑选出各次谐波对应的谱线，计算得出谐波各项参数。

2) 超快激光光谱法

基于高分辨率的离轴积分振腔输出光谱(off-axis integrated cavity output spectroscopy, OA-ICOS)技术将激光谐振腔和气体测量室合为一体，激光在谐振腔两端的反射镜上反复振荡，其中少部分透过反射镜，到达测量室，从而使吸收信号明显增强，因此可用来测定含量极低的气体，大大提高了测量精度和速度。

3) WS-CRDS 法

波长扫描-光腔衰荡光谱(wavelength scanned-cavity ring down spectroscopy, WS-CRDS)法是测定水样中同位素值的方法之一。基于长扫描 CRDS 技术，使光速反复多次地穿过气体样品，产生有效光程，光与样品充分作用后，用被检测化合物的吸收光谱反映其浓度，同时检测 $\delta^{18}O$ 和 δD，从而实现分析系统的高精度、高效率测量功能。

4) 激光光谱法样品处理与分析

激光光谱法用于分析 δD 的精度达 0.0002‰，激光同位素分析仪避免了分析前处理的化学转换，具有分析成本低、分析速度快、携带便捷等优点。

3. 其他观测方法

1) 红外光谱法

稳定同位素红外光谱(isotope ratio infrared spectroscopy, IRIS)技术克服了传统

的大气 CO₂ 气瓶采样-同位素质谱(isotope ratio mass spectroscopy，IRMS)技术时间分辨率低且耗时费力的缺点，可以实现高时间分辨率和高精度的大气 CO₂ 碳同位素值($\delta^{13}C$)和氧同位素值($\delta^{18}O$)的原位连续测定。红外光谱包括可调谐半导体激光吸收光谱(tunable diode laser absorption spectroscopy，TDLAS)、波长扫描-光腔衰荡光谱(wavelength scanned-cavity ring down spectroscopy，WS-CRDS)、离轴综合腔输出光谱、量子级联激光吸收光谱(quantum cascade laser absorption spectroscopy，QCLAS)和差频激光光谱等。基于 IRIS 技术测量 $\delta^{18}O$ 的误差主要来源于 $\delta^{18}O$ 测量值对 CO₂ 浓度变化的非线性响应(浓度依赖性)及对环境条件变化敏感导致的漂移(时间漂移)。在全球通量网络(如 Fluxnet)中，同位素观测相对较少且多限制在短期集中观测。随着 IRIS 技术的发展，未来在更多的通量观测站点结合进行碳氧同位素的野外连续原位观测，将有助于提升对生态系统和大气间碳水交换生物物理过程的理解。此外，野外同位素标记示踪实验结合原位连续观测，可以有效地评价和验证同位素生态系统模型(如 SiLSM 和 CLM-CN 3.5)中光合作用、呼吸作用、碳库的分配过程与机制等。

2) 拉曼光谱法

拉曼光谱(Raman spectrum，RS)作为一种物质结构和成分的分析测试手段被广泛应用。RS 是一种分子光谱，可利用光与物质之间的相互作用深入了解物质的特性，基于印度科学家拉曼发现的拉曼散射效应，对与入射光频率不同的散射光谱进行分析，得到分子振动、转动相关信息，最适用于研究同种原子非极性键的振动。氢同位素分子具有拉曼活性，因此可使用 RS 对氢同位素进行实时快速分析。

3) 核磁共振法

核磁共振(nuclear magnetic resonance，NMR)法将氢谱、δD 谱相结合，可用于测量重水中的微量氘，精度可达±0.01‰，通过离子源将气体样品离子化后进行分析。因此，水样必须转化成气体样品才能进入仪器。NMR 只能测得样品平衡后氘的同位素值，而水中氕与氘的物质的量之比需要通过标准水进行校正求得。

2.6.2　案例分析

1. 样品保存

样品采集后至实验分析前，土壤和植物样品需要在冷库或样品冷冻柜中冷冻保存，冷冻保存期间样品瓶应密封，防止水分蒸发。

2. 样品预处理

水分提取前，将土壤和植物样品从冷库或样品冷冻柜中取出解冻，每个样品瓶应做好防蒸发处理。提取水时，将提取时间设置为 150min(植物为 180min)，温度设置为 190℃，真空压力上限为 800Pa，泄漏率为 0。土壤或植物样品加热后，将其冻结在液氮冷阱中，水分从土壤或植物样品中蒸发。提取完成后，将样品在室温下解冻，然后用 1mL 注射器将水样提取到样品瓶中密封，等待开展实验分析。

3. 实验分析

每个水样和同位素标准样连续注入 6 次。为了消除仪器的记忆效应，放弃前 2 次测量结果，使用后 4 次的平均值作为最终结果。同位素测量结果以相对于维也纳标准平均海水(VSMOW)的千分差表示(Craig，1961)：

$$\delta_{\text{sample}} = \left(\frac{R_{\text{sample}}}{R_{\text{v-smow}}} - 1 \right) \times 1000 \tag{2-1}$$

式中，R_{sample} 是采集样品中 $^{18}O/^{16}O$ 或 $D/^{1}H$；$R_{\text{v-smow}}$ 是维也纳标准平均海水中 $^{18}O/^{16}O$ 或 $D/^{1}H$；δD 和 $\delta^{18}O$ 的分析精度分别为±0.6‰和±0.2‰。

4. 实验数据的准确性分析与校正

如果水样中含有波长吸收特性相同的化合物，会导致激光液态水分析仪产生测量误差。最容易造成误差的污染物是甲醇和乙醇，须建立污染光谱的δD 和$\delta^{18}O$校正方法。

参 考 文 献

BRAND W A, GEILMANN H, CROSSON E R, et al., 2009. Cavity ring-down spectroscopy versus high-temperature conversion isotope ratio mass spectrometry; a case study on δ^2H and $\delta^{18}O$ of pure water samples and alcohol/water mixtures[J]. Rapid Communications in Mass Spectrometry, 23(12): 1879-1884.

CRAIG H, 1961. Isotopic variations in meteoric waters[J]. Science, 133(3465): 1702-1703.

HSIEH J C C, SAVIN S M, KELLY E F, et al., 1998. Measurement of soil-water $\delta^{18}O$ values by direct equilibration with CO_2[J]. Geoderma, 82(1-3): 255-268.

第3章 干旱区降水稳定同位素

3.1 干旱区降水稳定同位素特征

大气降水是流域水资源的主要来源,在局地水分循环过程中发挥着重要作用。大气降水研究是全球和局部水分循环研究的基础。降水中氢氧同位素的研究为同位素技术在各领域的应用提供了基本参考(Acharya et al., 2020)。稳定同位素虽然在自然界中含量较低,但是作为水循环的重要示踪剂,其对环境变化非常敏感,能有效记录水循环信息。目前已广泛应用于水文学、气象学、生态学等领域的研究(Ansari et al., 2020)。

在过去几十年里,研究人员分析了降水中的稳定同位素变化及其环境意义,并得出一些重要结论。Dansgaard(1964)提出了 d-excess 的概念(d-excess= δD −8δ^{18}O),并确定了全球 d-excess 平均值为 10‰。d-excess 主要受水源温度和相对湿度的影响。通过分析 d-excess 和局地大气水线的变化,可以基本确定降水的水分来源。Sánchez-Murillo 等(2016)利用同位素追踪季风水分的输送,发现降水中同位素分馏与季风强度密切相关,降水中的 ^{18}O 和 D 由于长距离的水汽输送而更加贫化。Barras 和 Simmonds(2008)认为降水稳定同位素受当地天气条件的影响,地形条件限制了其变化。蒸发和凝结(降水)过程也被证明对同位素变化有重要影响。以上关于降水稳定同位素的研究表明:①凝结作用可导致降水稳定同位素贫化;②蒸发可导致降水稳定同位素富集;③受地理位置、大气环流、天气系统、地形等因素的影响,降水稳定同位素表现出不同的温度效应、降水量效应、海拔效应。

3.1.1 干旱区山区降水稳定同位素变化

1. 干旱区山区降水稳定同位素时间变化

山区是干旱区重要的水源涵养区,研究人员对干旱区降水稳定同位素组成进行了大量研究。研究表明,干旱区降水稳定同位素表现出明显的季节效应、温度效应和微弱的降水量效应(Li et al., 2022)。

西北师范大学石羊河生态环境综合观测研究站发现祁连山区的 4 个采样点降水稳定同位素值差异较大(图 3-1)。δ^{18}O 变化范围为−25.67‰(冷龙岭)～−0.07‰(宁昌),平均值为−9.66‰;δD 变化范围为−184.1‰(铧尖)～23.2‰(西营),平均值为

−61.22‰；d-excess 变化范围为−9.11‰(铧尖)～35.75‰(宁昌)，平均值为 16.06‰。稳定同位素值的巨大变化可能受到降水过程中不同水分来源和复杂天气条件的影响。冬季(2016 年 12 月～2017 年 2 月)$\delta^{18}O$、δD 和 d-excess 的平均值分别为−19.95‰、−144.09‰和 15.51‰，夏季(2017 年 6～8 月)$\delta^{18}O$、δD 和 d-excess 的平均值分别为−7.02‰、−42.24‰和 13.93‰。2016 年 10 月～2017 年 2 月，$\delta^{18}O$ 逐渐为负，此后至 2017 年 8 月波动上升，8 月中旬达到最大值，之后逐渐下降。$\delta^{18}O$ 的高值主要出现在 8 月，8 月 10 日宁昌 $\delta^{18}O$ 为−0.08‰，8 月 17 日西营 $\delta^{18}O$ 为 3.2‰。$\delta^{18}O$ 低值主要出现在冬季，如冷龙岭 2017 年 2 月 25 日 $\delta^{18}O$ 为−25.67‰，铧尖 2016 年 12 月 25 日 $\delta^{18}O$ 为−22.32‰。d-excess 高值多出现在秋冬季，低值多出现在春夏季，d-excess 的最高值主要出现在 10 月份，某些降水事件的 d-excess 低于夏季实测 $\delta^{18}O$。总体而言，降水稳定同位素值具有明显的季节变化特征，夏季 $\delta^{18}O$ 较高，冬季 $\delta^{18}O$ 较低，d-excess 呈现相反的模式。在我国西北其他干旱区，也发现了和西营河流域类似的季节变化，如天山、黑河流域和乌鞘岭地区。

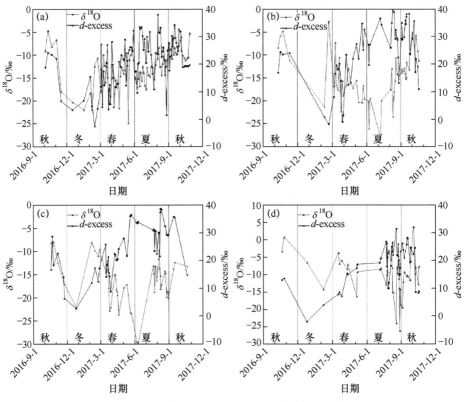

图 3-1　不同区域 $\delta^{18}O$ 和 d-excess 随时间变化情况
(a) 冷龙岭；(b) 宁昌；(c) 铧尖；(d) 西营

降水的水分来源影响降水中稳定同位素的变化(Laonamsai et al., 2020; Aemisegger et al., 2014)。2017 年 1 月、4 月、10 月的水汽主要来自西风环流,来自亚洲季风的水汽在 7 月到达西营河流域。受大陆水汽循环和长距离水汽输送的影响,西营河流域冬季和春季 $\delta^{18}O$ 较低,d-excess 较高,受亚洲季风和强烈云下二次蒸发的影响,夏季和秋季 $\delta^{18}O$ 较高,d-excess 较低。此外,冬季出现了一些 $\delta^{18}O$ 和 d-excess 极负的降水事件,可能是极地气团造成的。

2. 干旱区山区降水稳定同位素空间变化

为研究干旱区降水稳定同位素的空间变化,选择石羊河流域支流西营河为研究区域。对西营河流域降水样本数据进行线性回归分析,得到局地大气水线(LMWL)方程:$\delta D=7.97\delta^{18}O+15.96(R^2=0.97,p<0.01)$,其斜率和截距均大于祁连山中部的野牛沟流域和祁连山西部的老虎沟流域(表 3-1)。以往研究表明,在海洋水分的影响下,LMWL 的斜率和截距增大(Saravana et al., 2010; Aggarwal et al., 2004),表明祁连山地区季风的影响由东向西逐渐减弱。之前的研究也表明,云下蒸发降低了 LMWL 的斜率和截距(Zhu et al., 2021)。西营河流域 LMWL 的斜率和截距大于中下游的武威和民勤(表 3-1),这意味着从山区到干旱区下游云下二次蒸发逐渐加强。张掖和武威都位于河西走廊,海拔相近,因此从纬度效应的影响来说,民勤的 LWML 斜率小于武威(表 3-1)。野牛沟流域的 LMWL 斜率大于武威,因为野牛沟位于祁连山,武威的云底高度(离地高度)和饱和亏差均大于野牛沟,推测武威的云下二次蒸发更强,武威的 LMWL 斜率更大。对于 4 个采样点,根据同位素数据可分为两组。第一组是位于图 3-2 右上方 $\delta^{18}O$ 较大的数据点,这些点对应的降水事件多发生在相对湿度和温度较高的夏季。第二组在图 3-2 的左下方,包含了 $\delta^{18}O$ 相对较小的数据点,这些点对应的降水事件多发生在气温较低的冬季。LMWL 的斜率和截距随海拔的增加而增大,斜率和截距的海拔梯度分别为 0.07‰/100m 和 1‰/100m。这一结果表明,研究区不同海拔的局地气候变化显著。水蒸气冷凝产生的过饱和降水使同位素快速分馏,抵消了稳定同位素优先冷凝的分馏效应,使 LWML 斜率大于 8。冷龙岭 LWML 的斜率和截距均大于全球大气水线(GMWL),这可以解释为冷龙岭的温度较低和云底高度(离地高度)较高,使云下二次蒸发较弱,或者是受季风影响的强烈对流降水引起的。这一结果与祁连山西部老虎沟盆地相同。宁昌、铧尖、西营 LWML 的斜率小于GWML,且斜率随海拔降低而逐渐减小(图 3-3)。在我国西北干旱区,强烈的云下二次蒸发会使 LMWL 斜率减小,气象条件和地形影响高海拔台站的云底高度和相对湿度,因此相对较高的温度和较强的云下二次蒸发使低海拔台站的 LMWL 斜率和截距小于高海拔台站。同时,由于研究区面积较小(101.85~102.18°E,37.55~37.89°N),认为 4 个采样点的水分来源基本相同,降水稳定同位素的变化主要受研究区气象条件和地形差异的控制。

表 3-1 我国不同地区局地大气水线对比

研究区	局地大气水线	文献来源
老虎沟流域	$\delta D=6.88\delta^{18}O-4.2$	Wang et al., 2016
野牛沟流域	$\delta D=7.65\delta^{18}O+12.4$	Zhao et al., 2011
西营河流域	$\delta D=7.97\delta^{18}O+15.96$	本书
武威	$\delta D=7.05\delta^{18}O+4.18$	Li et al., 2016
民勤	$\delta D=6.15\delta^{18}O+4.62$	Li et al., 2016
河西走廊东部	$\delta D=6.76\delta^{18}O-4.54$	Li et al., 2015

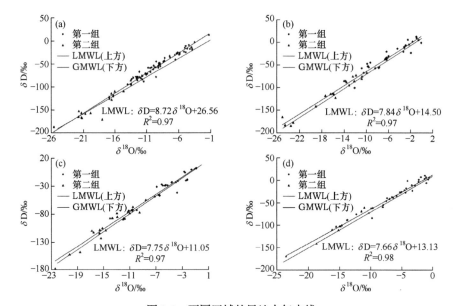

图 3-2 不同区域的局地大气水线

(a) 冷龙岭；(b) 宁昌；(c) 铧尖；(d) 西营

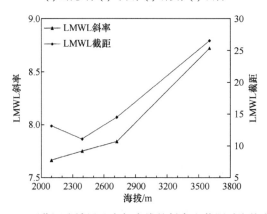

图 3-3 西营河流域局地大气水线的斜率和截距随海拔变化

3.1.2　干旱区绿洲降水稳定同位素变化

干旱区面积约占全球陆地面积的三分之一，其中广泛分布的绿洲被认为可以通过增加降水和水汽、降低绿洲内的气温和日温差来对当地气候产生影响(Zhu et al., 2019)。通常，地表蒸发和蒸腾的再循环水分具有相对贫化的同位素。如果来自局部地表蒸发的再循环水分对降水的贡献较大，则降水中的稳定同位素可能呈现贫化趋势。各站点地表蒸发水汽的稳定同位素比降水的稳定同位素更贫化(Zhou et al., 2018；Dietermann et al., 2013)。

干旱区绿洲效应表现出很大的变异性。不同绿洲的再循环水分因位置和蒸散发不同而有很大差异，绿洲蒸散发对局地降水的贡献是不可忽视的(Zhao et al., 2018)。在干旱区，由于人为改变了水文过程，修建了大量的人工水库和水渠用来灌溉农田，城市绿地和灌溉耕地的再循环水分远远大于裸露土壤(Zhang et al., 2018)。大型绿洲城市(如乌鲁木齐)绿地广阔，周边被大片灌溉农田包围，其水分再循环比石河子、蔡家湖等小型绿洲更为明显。估算得到乌鲁木齐的再循环水分约占 16.2%，而石河子和蔡家湖的再循环水分约占 5%。与乌鲁木齐相比，石河子(小绿洲城市)和蔡家湖(绿洲边缘的乡村小镇)的土地覆盖情况截然不同。

3.1.3　干旱区荒漠降水稳定同位素变化

青土湖属于季风边缘区内陆河尾闾封闭湖泊，具有生态脆弱性和气候敏感性，是古气候、古环境等全球变化环境研究的理想区域。降水是干旱区生态系统水循环的重要输入因子(刘昌明，2002；刘昌明等，1999)，研究降水氢氧同位素特征及水汽来源对全球气候变化背景下青土湖水资源管理具有重要的理论和实践意义。

石羊河流域荒漠区青土湖 2017 年 5~10 月大气降水氢氧同位素的线性方程为$\delta D = 6.67\delta^{18}O - 1.01$($R^2 = 0.95$，$n = 21$)，斜率和截距小于全球大气水线(GMWL) (图 3-4)，同时小于石羊河流域局地大气水线 (LMWL)$\delta D = 7.62\delta^{18}O + 4.40$ ($R^2 = 0.96$)的斜率和截距。干旱区 LMWL 的斜率小是雨滴在云底相对干燥的大气发生部分分馏的结果(王圣杰等，2023)，反映了青土湖气候干燥、蒸发强烈的环境特征。

青土湖大气降水的$\delta^{18}O$ 变化范围为$-17.26‰ \sim 3.05‰$，平均值为$-5.36‰$。δD 的变化范围为$-123.06‰ \sim 15.63‰$，平均值为$-36.82‰$。d-excess 介于$-23.64‰ \sim$ 21.93‰，平均值为 6.03‰，小于全球平均值(10‰)。由于不同季节相对湿度、温度及水汽来源具有差异性，青土湖地区降水 d-excess 呈波动变化。

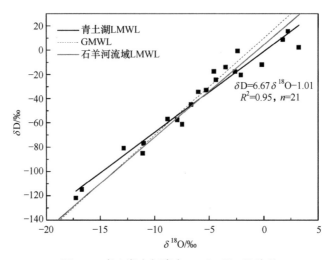

图 3-4　青土湖大气降水 δD 和 $\delta^{18}O$ 的关系

3.2　干旱区云下二次蒸发对降水稳定同位素的影响

开展降水云下二次蒸发的研究有助于了解特定区域水循环的微观模式、机制和演化信息(Sun et al., 2019；Bershaw et al., 2016)。云下二次蒸发是指降水从云底到达地面时发生的蒸发，同时伴有 $\delta^{18}O$、δD 的增加和 d-excess 的减少(Sun et al., 2023；Arnault et al., 2022)。一般情况下，当大气水汽饱和度较低时，云下二次蒸发量较大。Craig 建立了全球大气水线(GMWL)，但特定区域的 GMWL 变化还受到水汽源区气象因子、水汽输送路径和局地小气候的影响(Barnes, 1968)。云下二次蒸发改变雨滴中的同位素值，使局地大气水线(LMWL)的斜率和截距发生变化(Bowen et al., 2019)。

斯图尔特(Stewart)首次提出 Stewart 模型，定量计算云下降水的二次蒸发效应。后来，许多学者对模型的输入参数进行了优化和修正。章新平等(1995)研究发现，降水稳定同位素值在雨滴下落过程中会发生变化，下落距离越大，同位素越富集，在空气干燥的情况下，云下二次蒸发效应明显。Froehlich 等(2008)分析了阿尔卑斯地区降水云下二次蒸发效应，发现雨滴蒸发剩余比 f 与 d-excess 变化量 Δd 呈 1‰/%的线性关系，即雨滴蒸发剩余比增加 1%，Δd 减少 1‰。Wang 等(2016)利用改进的 Stewart 模型分析了天山云下二次蒸发效应，发现雨滴蒸发剩余比与 Δd 的关系受到局地小气候的影响。有学者研究了不同区域的云下二次蒸发对局地降水稳定同位素的影响，发现云下二次蒸发效应也受到不同气候带和下垫面性质的影响(Peng et al., 2011)。

当雨滴从云底落到地面时，云下二次蒸发影响其同位素组成，减少了干旱地

区的降水，并影响当地的气候(Pang et al.，2019)。因此，在水资源稀缺、生态环
境脆弱的干旱区，云下二次蒸发是一个备受关注的问题。在时间变化上，云下二
次蒸发强度表现为夏>秋>冬>春(Mutz et al.，2016)。在空间变化上，山区的云下
二次蒸发强度弱于绿洲和荒漠。山区云下二次蒸发强度随海拔的降低而增加，绿
洲和荒漠地区云下二次蒸发受局地气候条件的影响。

3.2.1　云下二次蒸发对降水稳定同位素的影响

受云下二次蒸发作用的降水 ^{18}O 和 D 表现出富集现象，这为判断雨滴从云底
落到地面时是否发生蒸发提供了定性信息(Man et al.，2022)。图 3-5 为 2016 年 10
月～2018 年 4 月石羊河流域山区、绿洲、荒漠的局地大气水线(LMWL)。山区、
绿洲和荒漠 LMWL 的斜率分别为 7.96±0.075、7.84±0.185 和 6.37±0.506。与全球
大气水线(GMWL)(δD=8δ^{18}O+10)相比，山区、绿洲和荒漠 LMWL 的斜率较小，
这主要与山区、绿洲、荒漠的海拔变化有关。海拔越低，云下二次蒸发越强。对
比石羊河流域的三种地形，山区、绿洲和荒漠 LMWL 的斜率和截距差异较大，
山区的斜率大于绿洲和荒漠。云下二次蒸发的强度从山区到绿洲再到荒漠呈递增
趋势。

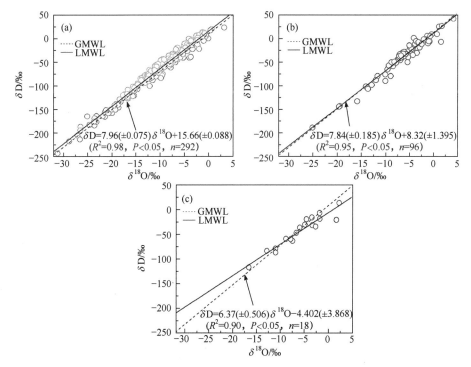

图 3-5　2016 年 10 月～2018 年 4 月不同区域的局地大气水线
(a) 山区；(b) 绿洲；(c) 荒漠

3.2.2　降水稳定同位素云下二次蒸发的定量分析

图 3-6 为石羊河流域 f 和 Δd 随时间变化情况。f 在 37.48%～101.34%波动;6～10 月, $f>60\%$, 从 6 月开始增加, 9 月达到最大值; f 在 11 月～次年 5 月较小, 小于 60%。11 月～次年 5 月和 12 月～次年 2 月(冬季)的 f 大于次年 3～5 月(春季)的 f, 说明春季云下二次蒸发强度大于冬季。石羊河流域的云下二次蒸发受局地降水和温度的影响较大, 降水的影响始终占主导地位。6～10 月降水较多, 降水量大, 云下二次蒸发较其他月份弱, 11 月～次年 5 月降水较少。Δd 的变化与 f 的变化相似。石羊河流域气候条件复杂, 云下二次蒸发的时间特征呈现出复杂的规律(Zhu et al., 2021; Stumpp et al., 2014)。

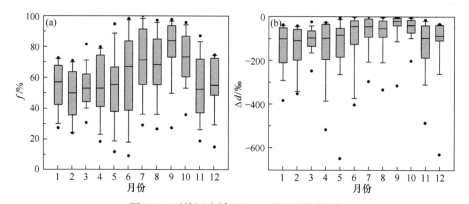

图 3-6　石羊河流域 f 和 Δd 的月变化情况

(a) f; (b) Δd

方框表示第 25～75 百分位, 方框中的线表示中位数(第 50 百分位), 线段表示第 90 和第 10 百分位, 点表示第 95 和第 5 百分位; 1～12 月样本数量分别为 10、12、33、24、27、42、53、85、50、42、18、11

图 3-7 为石羊河流域山区、绿洲、荒漠降水 f 和 Δd 的变化情况。从中可以看

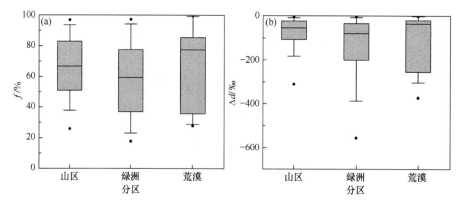

图 3-7　石羊河流域不同区域降水 f 和 Δd 的变化情况

(a) f; (b) Δd

出,山区 f 在 51%～82.92%,绿洲 f 在 37.04%～77.51%,荒漠 f 在 35.78%～85.37%。山区 f 和 Δd 的变化幅度较小,荒漠 f 和 Δd 的变化幅度最大,说明山区云下二次蒸发的年内变化小于绿洲和荒漠,原因是山区水汽来源固定,荒漠水汽来源复杂。石羊河流域的云下二次蒸发具有季节变化的规律,荒漠地区的降水主要集中在夏秋两季。从年尺度上看,山区云下二次蒸发最弱,绿洲与荒漠云下二次蒸发强度差异较小。f 和 Δd 的空间变化趋势在很大程度上受局地气象因子控制,因此很难描述出具体的空间趋势(Zhu et al.,2021)。

3.2.3　水库(湖泊)对云下二次蒸发的影响

石羊河上游云下二次蒸发遵循海拔效应,即 f 随海拔降低而减小。位于上游山区海拔较低的西营水库,f 突然升高。通过对采样点周围地形地貌特征的分析,发现采样点靠近西营水库,两者之间的距离为 4.4km。西营水库是该流域最大的人工水体,总库容 2350 万 m^3。下垫面的差异可能导致再循环水分的贡献率有显著差异(Zhu et al.,2022)。较大的开阔水面会增加周边地区的水汽循环率,北美五大湖及水库对蒸发的贡献率和青海湖对大气降水的贡献率分别为 15.7% 和 23.4%。在石羊河流域中,山区植物蒸腾、地表蒸发和平流层水汽对降水的平均贡献率分别为 11%、6% 和 83%。西营站(M4)地表蒸发的平均贡献率在研究区较大,为 9%,西营水库的存在可能是采样点 f 突然增大的原因。此外,比较了不同海拔采样点的温度、相对湿度和 f。除 M4 采样点外,山区 f 均随高程的降低而降低(图 3-8)。西营地区发生了突变,这进一步说明水库蒸发导致西营水库附近 f 发生变化(Zhu et al.,2019)。

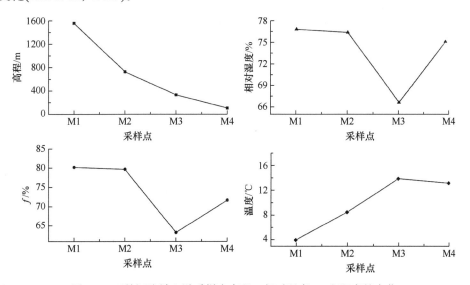

图 3-8　石羊河流域上游采样点高程、相对湿度、f 和温度的变化

3.3 干旱区水汽来源和输送路径对降水稳定同位素的影响

降水稳定同位素记录了不同源区蒸发和水汽输送的过程，了解降水稳定同位素变化背后的机制是至关重要的(Zhu et al.，2023)。关于亚洲中部干旱区降水稳定同位素控制因素的研究较多，但是局地机制和大尺度气候系统控制区域降水稳定同位素的作用比例仍存在争议(Zhu et al.，2013)。以往的研究主要集中在温度、降水和海拔等因素上。有研究表明，亚洲中部干旱区降水稳定同位素与温度呈正相关，山区降水稳定同位素与海拔呈负相关，降水对其影响不显著(Zhao et al.，2018)。

大量研究表明，降水稳定同位素可用于跟踪和反演季风降水的主要水汽通道(Shi et al.，2022；Zhang et al.，2009)。在亚洲季风区，大量研究证明区域对流活动是中低纬度季风区降水稳定同位素的主要驱动因素(Sherwood et al.，2004)。有研究指出，季风区降水稳定同位素可表明对流活动的突然增强和记录区域尺度对流变率(Stefanescu et al.，2023；Zhang et al.，2014)。其影响机制是印度洋-太平洋地区大尺度对流活动减弱，导致海洋上空蒸发水汽中同位素的贫化，从而引起亚洲季风区降水同位素整体贫化(Zhan et al.，2023；Zhang et al.，2021a，2021b)。综上所述，可以认为季风区降水稳定同位素与大尺度季风强度相关性更强。

目前，结合云量和降水稳定同位素来分析大尺度水循环对局地降水影响的研究较少。以干旱区内陆河石羊河流域为例，该地区的水源主要是冰雪融水和大气降水，主要依赖降水。其位于亚洲中部干旱区东部区域，受东亚季风和西风水汽影响，水汽来源复杂且不稳定。因此，探究影响亚洲中部干旱区东部区域降水的水汽源区和水汽输送路径，可以有效评价该地区的降水。以云量和对流为介质，通过分析降水稳定同位素与局地和区域云量的关系，可以确定亚洲中部干旱区东部区域水汽源区面积和水汽输送时间，以及大尺度大气环流模式对亚洲中部干旱区东部区域降水的影响；有助于阐明内河流域与外部的水汽联系及亚洲中部干旱区东部区域水循环的特征；从大尺度水循环的角度了解影响局地降水的因素，进而合理地开发和利用水资源。

3.3.1 不同高度降水$\delta^{18}O$与云量的关系

为评价大尺度水循环对内陆干旱区降水稳定同位素的影响，计算石羊河流域不同高度降水$\delta^{18}O$与区域云量的空间相关性。降水稳定同位素可以反映降水源区蒸发和水汽输送过程中的气团变化，本小节分析降水稳定同位素与云量之间的关系。石羊河流域降水稳定同位素值与赤道北太平洋总云量呈负相关关系,且负相关关系在降水事件前 5d 最为显著。Dr 定义为降水事件发生前一段时间(0~15d),其中 Dr=0 表示降水日, Dr 为 1、2、3、……、15 表示降水前 1、2、3、……、15d。当 Dr>6 时,相关性随时间逐渐降低。因此,赤道北太平洋的水汽在 5d 内被输送到石羊河流域(图 3-9)。

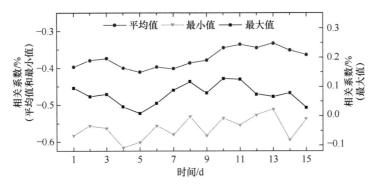

图 3-9　赤道北太平洋降水稳定同位素值与云量相关系数的时间变化

接下来研究分析降水事件发生前第 5 天降水 $\delta^{18}O$ 与不同高度云量的相关关系。赤道北太平洋云量与石羊河流域降水 $\delta^{18}O$ 呈显著负相关。赤道北太平洋降水 $\delta^{18}O$ 与云量相关性最大的区域定义为 R1_Zone,这一区域与东亚夏季风期间出现在太平洋的低压系统区域相吻合,这些低压系统明显地促进了水汽从太平洋对流层向大陆的传输。出现在海洋上的低压系统会影响内陆降水,进而表现为云层覆盖。此外,发现青藏高原东部(包括石羊河流域)降水 $\delta^{18}O$ 与低层云量(LCC)之间存在正相关场,这个相关场受水分循环和局地对流的影响,并与该地区降水稳定同位素的显著温度效应一致。

为了分析不同高度的云量对降水 $\delta^{18}O$ 的影响,计算降水 $\delta^{18}O$ 与各云量相关系数的最大值、最小值、平均值和标准差(表 3-2)。降水 $\delta^{18}O$ 与总体云量(TCC)、高层云量(HCC)的负相关程度高于降水 $\delta^{18}O$ 与中层云量(MCC)、低层云量(LCC)的负相关程度,说明对流层中部(3~8km)云量对降水稳定同位素的影响最为显著。

表 3-2　2016 年 10 月~2019 年 10 月石羊河流域降水事件前第 5 天降水 $\delta^{18}O$ 与云量相关系数比较

不同高度云量	最小值	最大值	平均值	标准差
TCC	−0.6014	0.0087	−0.4102	0.0672
HCC	−0.6074	−0.1852	−0.3942	0.0661
MCC	−0.6482	−0.0676	−0.3500	0.1239
LCC	−0.5798	0.3800	−0.2647	0.1414

HCC 相关系数的变化范围为–0.6074～–0.1852，MCC 相关系数的变化范围为–0.6482～–0.0676，LCC 相关系数的变化范围为–0.5798～0.3800。因此，高度越低，相关系数变化范围越大。

3.3.2　不同水汽输送通道降水稳定同位素的变化

以石羊河流域冷龙岭、武威、大滩乡为例，进行水分来源分析。冬半年(11月～次年4月)，研究区以西风水汽为主，水汽比湿很小，轨迹上小于4g/kg。夏季(5～10月)，主要水汽来源为赤道北太平洋和亚洲大陆，5～8月东南向水汽贡献率逐渐增加，8月达到最大值(冷龙岭58.87%，武威45.7%，大滩乡51.61%)，9～10月东南向水汽贡献率逐渐减少。此外，来自赤道北太平洋东南方向的水汽比湿非常高，水汽比湿大于10g/kg的轨迹远大于西向水汽比湿的轨迹。研究区年平均降水量为154.8mm，其中83%的降水发生在5～9月。在这几个月里，赤道北太平洋东南方向的水汽为石羊河流域带来了显著的降水，因此赤道北太平洋是石羊河流域降水的主要水汽来源。

亚欧大陆的水汽来源复杂，水汽输送可大体分为三个通道：40°N以北为北部水汽输送通道，20°N～40°N为季风通道，20°N以南为南部水汽输送通道。不同的水汽来源使降水稳定同位素存在差异。在北部水汽输送通道，由于水汽自西向东移动，降水稳定同位素随经度的增加而贫化，且各季节变化趋势不同。

(1) 春季$\delta^{18}O$ 与经度的关系：$\delta^{18}O=-0.0705Lon-7.1721$，其中 Lon 为经度($R^2=0.4779$)；

(2) 夏季$\delta^{18}O$ 与经度的关系：$\delta^{18}O=-0.0521Lon-5.1397$($R^2=0.4969$)；

(3) 秋季$\delta^{18}O$ 与经度的关系：$\delta^{18}O=-0.0703Lon-7.8274$($R^2=0.4632$)；

(4) 冬季$\delta^{18}O$ 与经度的关系：$\delta^{18}O=-0.1089Lon-9.4388$($R^2=0.5590$)。

从图3-10可以看出，亚欧大陆降水稳定同位素值与经度呈负相关关系。在北部水汽输送通道冬季是亚欧大陆西风环流最强的时期，降水稳定同位素值与经度负相关最强，$R^2=0.5590$。在20°N～40°N季风通道，40°E以西受副热带高压控制，全年炎热干燥，降水稳定同位素值大，季节变化小(Zhang et al.，2021a，2021b)。40°E～110°E 地区受青藏高原、帕米尔高原和伊朗高原的影响，降水稳定同位素值变化剧烈。高原阻挡了西风环流，高原西部为热带沙漠气候，使降水稳定同位素值相对较大；东部形成了世界上最大的季风区，降水稳定同位素值小于西部荒漠地区，季节变化较大，冬季降水稳定同位素值大于春季、夏季、秋季。20°N以南地区常年有稳定的水汽来源，由于地处低纬度地区，降水稳定同位素值的季节差异较小，全年降水稳定同位素值较大。

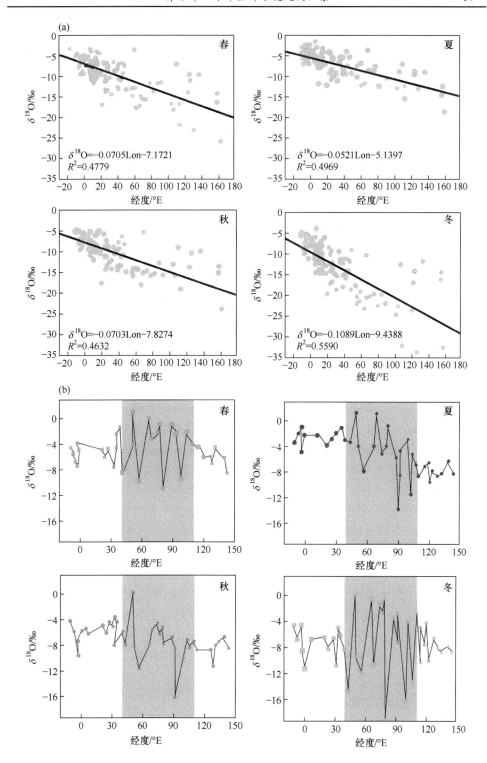

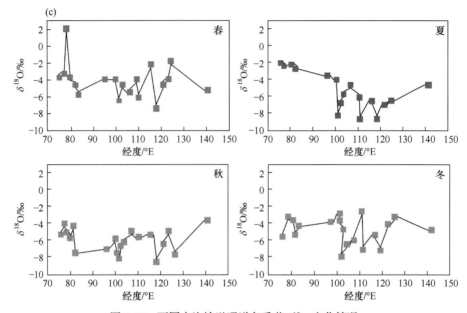

图 3-10　不同水汽输送通道各季节 δ^{18}O 变化情况

(a) 北部水汽输送通道；(b) 季风通道；(c) 南部水汽输送通道

3.3.3　气候过渡带降水稳定同位素特征

降水稳定同位素不仅受局地气象因素和地理因素的影响，还受区域大气环流的影响(Zannoni et al.，2022)。亚洲中部干旱区东部夏季受到青藏高原中部气旋和西太平洋反气旋的影响，青藏高原及周边地区呈现出强烈的夏季风环流(Yu et al.，2021)。水汽从西太平洋输送到亚洲中部干旱区东部，西太平洋地区成为亚洲中部干旱区东部的水汽来源之一(Yoshimura，2015)。

以往研究主要采用 HYSPLIT 模型分析亚洲中部干旱区东部的水汽来源。亚洲中部干旱区东部区域降水稳定同位素值与赤道北太平洋云量呈负相关，射出长波辐射与降水稳定同位素值呈正相关，说明赤道北太平洋对流活动形成了云，影响了内陆降水。因此，降水稳定同位素可以作为记录大尺度大气环流的介质(Yu et al.，2016)。亚洲中部干旱区东部区域降水稳定同位素对东亚季风变化有明显的响应(Yin et al.，2023)，降水稳定同位素是记录气候变化的良好代用指标(Yu et al.，2017)。

3.4　干旱区水汽停留时间对降水稳定同位素的影响

3.4.1　大气水分停留时间

利用 Aggarwal 等(2012)提出的模型，将总可降水量(Q)与降水率(P)的比值定义为大气水分停留时间(RT)，Q 和 P 来自美国国家海洋和大气管理局(NOAA)。使用 15mm/月的降水率作为分析的下限，因为在较低的降水率下，同位素和气象测量之间的观测差距会得出不切实际的长停留时间，或极端值放大导致异常的 δD 和 $\delta^{18}O$ 平均值。

水循环的大气分支通过水汽输送广泛影响气候变化(刘忠方等，2009)。水汽输送的一个重要特征是大气水分停留时间(RT)，是大气水循环的基本特征，是大气储水能力的关键指标，可提供气候变化如何改变水循环和水平衡动态过程的信息(陆大道，2002)。水循环是气候系统的基本组成部分，在大气、海洋、冰冻圈和陆地水库之间传递物质和能量(陆桂华等，2006)。虽然大气中的水只占地球上所有水的 0.001%，但它是水循环的关键贡献者(施雅风等，2006)。由于数据精度、科学假设和算法不同，不同的数据集和研究方法得到的结果也不同。许多研究使用 10d 作为随访时间，但地表蒸发、平流、湍流混合、降水和小尺度物理过程的综合作用会导致 RT 随时间和空间显著变化，因此局部 RT 可以超过 25d(Brienen et al.，2012)。特别是在人为变暖导致 RT 长期变化的情况下，与气候变暖相关的降水事件增加将使大气湿度增加，从而减缓大气水文循环，增加 RT。

将同位素示踪观测和数值模型结合，可能会对 RT 产生进一步的见解。降水稳定同位素组成在降水产生和迁移转化过程的生命周期中发生变化(Cai et al.，2015；Rozanski et al.，1992)。此外，降水通过云下的大气柱不断与周围进行气体交换，这是一个复杂的混合过程，会产生同位素分馏(Chakraborty et al.，2016)。这些表明 RT 可能仍然是一个概念量。随着气候变暖，大规模凝结区域沿经线向上移动，这一运动可能对解释云及其相关辐射强迫和基于同位素分馏的古气候代用指标产生影响(Cui et al.，2015)。

3.4.2　δD、$\delta^{18}O$ 和水汽停留时间的月变化

δD 和 $\delta^{18}O$ 随月份变化，夏季 δD 和 $\delta^{18}O$ 增大，冬季 δD 和 $\delta^{18}O$ 减小。温带海洋气候的 δD 和 $\delta^{18}O$ 随月份变化平缓，相对稳定，δD 和 $\delta^{18}O$ 的变化范围分别为 $-123.15‰\sim30.50‰$ 和 $-16.01‰\sim3.77‰$。热带沙漠气候的 δD 和 $\delta^{18}O$ 最大，平均分别为 $-8.78‰$ 和 $-2.42‰$；极地气候的 δD 和 $\delta^{18}O$ 最小，平均分别为 $-100.90‰$ 和 $-13.77‰$(表 3-3)。热带沙漠气候的 δD 和 $\delta^{18}O$ 变异系数(CV)最大(CV 绝对值分别为 2.72 和 1.10)，温带季风气候的最小(CV 绝对值分别为 0.39 和 0.35)，这表明越靠近干旱区，变异系数越大，不稳定性越强。

表 3-3 不同气候带的 RT 和降水稳定同位素基本信息

气候类型	RT				δD				$\delta^{18}O$			
	最小值 /d	最大值 /d	平均值 /d	变异系数	最小值 /‰	最大值 /‰	平均值 /‰	变异系数	最小值 /‰	最大值 /‰	平均值 /‰	变异系数
高原气候	0.30	3.30	1.60	0.50	−188.20	35.70	−85.84	−0.69	−25.17	0.94	−12.09	−0.58
极地气候	2.60	40.80	8.40	0.80	−286.20	−48.70	−100.90	−0.41	−36.58	−6.51	−13.77	−0.38
热带季风气候	2.10	71.10	11.40	0.90	−107.36	20.30	−34.65	−0.63	−14.84	4.51	−5.61	−0.51
热带沙漠气候	7.50	87.70	32.20	0.58	−58.20	25.01	−8.78	−2.72	−8.12	2.04	−2.42	−1.10
热带雨林气候	3.30	22.50	5.90	0.40	−95.50	17.90	−33.62	−0.57	−13.91	1.62	−5.62	−0.44
温带大陆气候	1.40	51.80	9.50	0.70	−236.50	49.47	−63.13	−0.52	−30.48	5.36	−8.94	−0.47
温带海洋气候	1.70	54.90	9.90	0.70	−123.15	30.50	−44.93	−0.43	−16.01	3.77	−6.67	−0.36
温带季风气候	0.80	50.80	10.00	0.90	−122.70	0.80	−51.35	−0.39	−17.02	0.21	−7.70	−0.35
亚热带气候	1.90	68.70	11.40	0.90	−121.20	43.90	−39.98	−0.66	−17.51	10.06	−6.36	−0.52
地中海气候	1.50	52.30	9.90	0.70	−193.28	36.70	−42.82	−0.69	−24.95	6.56	−6.56	−0.57

欧亚地区 RT 平均值为 10.033d，变化范围为 0.7～57.2d。RT 具有显著的空间变异性，热带沙漠气候最大，高原气候最小，反映了降水发生机制的区域差异。冬季热带沙漠地区中纬度蒸发源水分输送相对较慢且时间较长，RT 最大。在冬季，热带沙漠地区通常以下沉气流为主，使大气稳定分层。因此，不稳定大气降水条件可以定性地解释沙漠地区较长的 RT。RT 较小与喜马拉雅山脉的高海拔有关，它阻挡了来自阿拉伯海和孟加拉湾的水汽向内陆渗透。因此，地形屏障下游地区比较干燥，在较短的时间尺度上更新局部的水分循环。RT 随季节变化，夏季通常长于冬季，这些季节变化是环流模式和相关湿度变量变化引起的。强大的亚洲夏季风环流从海洋地区(如南印度洋)携带了大量的水汽，使它们在夏季停留的时间相对较长，在冬季停留的时间相对较短(Risi et al.，2008)。

3.4.3　水汽停留时间与降水 $\delta^{18}O$ 的关系

除高原气候外，lnRT 与 $\delta^{18}O$ 呈线性正相关，相关系数 r 为 0.13～0.82，通过 99%置信度检验(图 3-11)。高原气候 lnRT 与 $\delta^{18}O$ 呈线性负相关，平均 RT 为 1.6d，远小于其他 9 个气候带。这与高原地区相对较高的降水再循环率有关(Ren et al.，2021，2013)。极地气候 lnRT 与 $\delta^{18}O$ 的相关系数 r 最大(0.82)，其次是亚热带季风气候(0.68)，热带沙漠气候 lnRT 与 $\delta^{18}O$ 的相关系数 r 最小(0.13)，说明 RT 与 $\delta^{18}O$ 的关系随纬度变化显著。与 RT 对应的重同位素消耗是最大的，这是因为水汽在被输送到两极时持续地凝结和分馏。总的来说，季风区 RT 与 $\delta^{18}O$ 的相关性比非季风区强，这是因为季风区水汽来源简单，但非季风区水汽来源复杂，使 RT 与同位素的关系复杂化。

RT 的增加表明大气环流减弱，边界层水辐合减少，与自由对流层发生质量交换(Duan et al.，2023；Poage et al.，2002)。因此，RT-$\delta^{18}O$ 曲线的最大值反映出边界层水源地的差异，使 RT-$\delta^{18}O$ 曲线在垂直方向上出现偏差。尽管不同气候条件下的垂直质量交换存在显著差异，但季风区 lnRT-$\delta^{18}O$ 的斜率相似(热带季风 4.95，温带季风 4.19，亚热带季风 5.14)，说明导致 $\delta^{18}O$ 下降的大气过程空间范围有限。

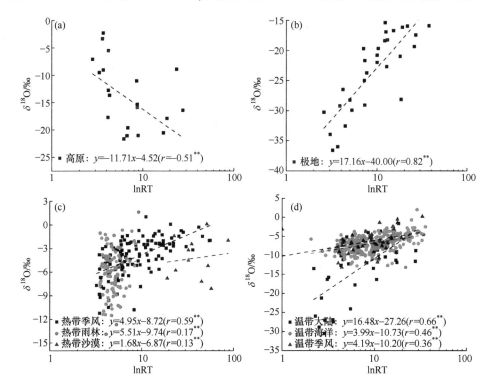

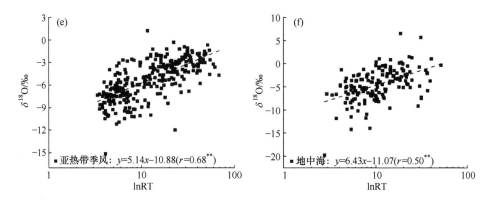

图 3-11　长期 RT 与月平均 δ^{18}O 的关系

(a) 高原气候；(b) 极地气候；(c) 热带气候；(d) 温带气候；(e) 亚热带气候；(f) 地中海气候

除了水汽来源的差异外，RT-δ^{18}O 曲线的相对偏移量和 δ^{18}O(RT) 的大小反映了各地区的降水特征。在中高纬度地区，低 RT 通常发生在冬季，垂直质量交换相对有限，主要发生在中尺度浅对流系统中风暴活动较强的风暴中(Insel et al.，2010)。从热带季风气候到热带雨林气候，RT 从 11.4d 下降到 5.9d。RT 的降低使 ^{18}O 耗损，说明以低层强辐合、高层强辐散为特征的强对流降水占比较高。

3.4.4　δD 和 δ^{18}O 对水汽停留时间的响应

利用滑动相关函数进一步评价降水 δD 和 δ^{18}O 对 RT 稳定性的响应(图 3-12)。除高原气候外，其他气候带 ΔRT 与 $\Delta\delta$D、$\Delta\delta^{18}$O 呈负相关，这与 lnRT 与 δ^{18}O 呈线性正相关是一致的(ΔRT 与 $\Delta\delta$D、$\Delta\delta^{18}$O 之间拟合曲线斜率为负只是 δD 和 δ^{18}O 为负值的错觉)。除亚热带季风气候外，其他气候的 ΔRT 与 $\Delta\delta$D、$\Delta\delta^{18}$O 之间的关系随时间滑动相对稳定。ΔRT 与 $\Delta\delta$D 和 $\Delta\delta^{18}$O 的相关性($R=-0.53$，$P<0.001$；$R=-0.56$，$P<0.001$)逐渐增强，1998～2018 年相关性最强。在热带雨林气候中，ΔRT 与 $\Delta\delta$D 和 $\Delta\delta^{18}$O 的相关性没有通过 99% 的置信度检验。区域大气环流对同位素值有驱动作用，即同位素值随降水量增加而减小，这可能是决定热带地区降水同位素值变化的主要因素(Nlend et al.，2023)。

1986～2006 年，极地气候 ΔRT 与 $\Delta\delta$D、$\Delta\delta^{18}$O 的相关性增大，1992～2012 年下降。温带大陆性气候下，ΔRT 与 $\Delta\delta$D、$\Delta\delta^{18}$O 的相关性在 1988～2008 年开始减弱，1998～2018 年相关性最低($R=-0.10$，$P<0.001$；$R=0.09$，$P<0.001$)。从图 3-12 可以看出，温带海洋气候下，ΔRT 与 $\Delta\delta$D、$\Delta\delta^{18}$O 的相关性($R=-0.19$，$P<0.001$；$R=-0.35$，$P<0.001$)强于温带大陆气候($R=-0.12$，$P<0.001$；$R=0.12$，$P<0.001$)。$\Delta\delta$D、$\Delta\delta^{18}$O 在热带季风气候下的相关性($R=-0.17$，$P<0.001$；$R=-0.29$，$P<0.001$)、在温带季风气候($R=-0.18$，$P<0.001$；$R=-0.25$，$P<0.001$)和亚热带季风

气候下的相关性(R=-0.34，P<0.001；R=-0.32，P<0.001)强于非季风气候区的相关性(R=-0.12，P<0.001；R=0.12，P<0.001)。当大气水汽从海岸向内陆移动时，在运输过程中经历了物理和动态气象过程。气候系统调节蒸发、运输和降水，进而调节 RT，使内陆地区δD 和δ¹⁸O 对 RT 的响应弱于季风区(Zhu et al.，2023)。

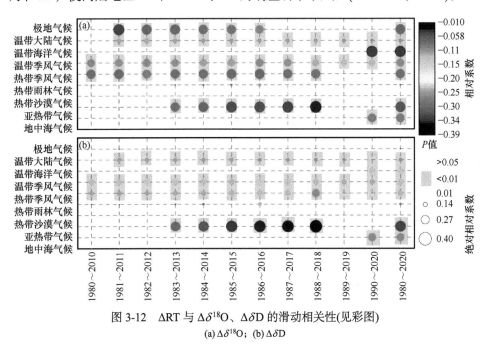

图 3-12　ΔRT 与 Δδ¹⁸O、ΔδD 的滑动相关性(见彩图)
(a) Δδ¹⁸O；(b) ΔδD

3.4.5　δD、δ¹⁸O 和水汽停留时间的变化

亚欧大陆的δD、δ¹⁸O 和 RT 在 1980~2020 年的整个研究期间表现出强烈的年际和年代际变化。1980~2020 年，δD、δ¹⁸O 和 RT 的变化趋势分别为 0.013‰/10a(R=0.057，P<0.001)、0.011‰/10a(R=0.085，P<0.001)和 0.018d/10a (R=0.089，P<0.001)。δ²H 和δ¹⁸O 表现出明显的长期富集趋势，RT 显著增加，表明亚欧大陆降水同位素的净蒸馏减少。RT 的增加推动了这一趋势，这表明在变暖背景下亚欧大陆的大气环流正在减弱。在亚欧大陆地区，大陆水循环随时间而减少。有研究表明，随降水增加，水在大气中停留的时间越来越长，这意味着亚欧大陆的大气环流速率正在下降。

高原气候的δ¹⁸O 和 RT 变化率最大，变化率分别为 0.119‰/10a(P<0.001)和 0.110d/10a(P<0.001)(表 3-4)。极地气候中δ¹⁸O 随时间的变化率不显著，RT 随时间的正异常变化受极地地区大气湿度、降水和蒸发速率的影响。热带地区的δ¹⁸O 变化率是正值，而 RT 变化率是负值，其中δ¹⁸O 和 RT 在热带季风气候的变化率最大，说明热带地区在全球变暖的背景下大气环流得到加强。区域大气环流具有

驱动同位素值变化的作用，即同位素值随降水的增加而减小，这可能是决定热带降水同位素值变化的主要因素。在气旋风暴或中尺度对流系统引起的强降水期间，降水同位素值可能会显著下降，而且这种耗损会随着天气系统的移动而扩散，并可能根据其距离的远近影响降水同位素值(Guo et al.，2021；Lone et al.，2019)。亚热带气候的 $\delta^{18}O$ 变化率和 RT 变化率呈正值，温带气候的 $\delta^{18}O$ 变化率和 RT 变化率除温带大陆性气候的 $\delta^{18}O$ 变化率外均为正值，说明季风区 ^{18}O 富集。相对于海洋的蒸发，内陆地区的同位素将会更加贫化($\delta^{18}O$ 变化率为 $-0.006‰/10a$，$P<0.05$)。

表 3-4　不同气候带不同时段 $\delta^{18}O$ 变化率/RT 变化率

气候带	1980~1999 年	2000~2009 年	2010~2020 年	1980~2020 年
高原气候	0.119**/0.110**	—	—	0.119**/0.110**
极地气候	−0.011/0.030	−0.004/0.026	0.014/0.001	−0.005/0.027*
热带雨林气候	−0.014**/0.001**	0.015/00.003	0.048**/−0.001	0.007/−0.002
热带季风气候	0.054**/−0.057**	0.068**/−0.051**	0.064**/−0.062**	0.063**/−0.056**
热带沙漠气候	—			—/−0.397
温带大陆气候	−0.007/0.032**	−0.004/0.035**	−0.007/0.042**	−0.006*/0.036**
温带海洋气候	0.009*/0.017*	0.002/0.034**	−0.011/0.073**	0.002/0.034**
温带季风气候	0.006/0.031*	0.005/0.044	—	0.006/0.035**
亚热带气候	0.074**/0.027**	0.052**/−0.02	0.046**/−0.018	0.064**/0.008
地中海气候	−0.004/0.031**	−0.008/0.018**	−0.005/0.044**	−0.006*/0.027**

注：**表示在 0.01 置信水平下显著相关，*表示在 0.05 置信水平下显著相关；$\delta^{18}O$ 变化率单位为‰/10a；RT 变化率单位为 d/10a。

3.5　干旱区大气环流对降水稳定同位素的影响

　　干旱区气候既受大气环流、海温变化等自然因素的影响，也受温室气体浓度、土地利用变化等人为因素的影响(Jeelani et al.，2018)，但这些因素对干旱区气候变化的贡献权重目前尚不清楚。由于对干旱区气候变化规律的认识不足，加之其动力机制的复杂性，因此目前对干旱区气候变化机理的认识还远远不够(Liu et al.，2022；Kong et al.，2019)。

　　D 和 ^{18}O 是水循环过程的天然示踪剂，可用来探究全球气候变化的微观过程(Jing et al.，2021)。在陆地水循环中，大气降水是陆地水(包括地表水、地下水和冰川水)的初始水源，可以带来丰富的气候和环境信息(Gao et al.，2011)。研究降水中的稳定氢氧同位素有助于理解水循环过程，特别是在水汽来源追踪和局地水汽循环方面(Galewsky et al.，2022)。降水稳定氢氧同位素已广泛应用于生态、水文、气象等领域。

了解过去的气候变化是预测未来气候变化的关键(Tian et al.，2008；Gat et al.，1994)，气候变化将影响全球气温、能源需求及水资源的供应。大气中的稳定同位素是评估过去气候变化和水循环的有效工具，降水稳定同位素组成反映了不同尺度下气候的时空变化，利用自然发生的氢氧同位素含量变化重建过去气候变化所需的信息(Tian et al.，2001；Gat，2000)。因此，许多研究使用降水的氧同位素组成来重建气候变化序列。

作为北半球中纬度地区气候系统的重要组成部分，大气环流对亚洲中部干旱区(ACA)的气候有着不可忽视的作用，其在全球变暖背景下的变化以及对亚洲中部干旱区气候的影响是亚洲中部干旱区气候形成和演变机理的重要内容之一。随着全球变暖的持续，21世纪全世界干旱区存在较大的干旱加剧风险，更多的人将受到水资源短缺和土地退化的影响(Torri，2022)。作为中纬度最干燥的地区之一，ACA对气候变化和人类活动更加敏感，因此了解该区域的气候变化对区域生态系统、水资源和环境管理非常重要。

3.5.1 大气环流对局地大气水线的影响

1970～2021年，ACA的LMWL为$\delta D=(7.80\pm0.07)\delta^{18}O+(8.34\pm0.80)(R^2=0.96)$，斜率和截距均小于GMWL($\delta D=8\delta^{18}O+10$)。因为ACA地处亚欧大陆腹地，远离海洋，长距离水汽输送比例较高，蒸发作用较强，同位素分馏作用显著，所以LMWL的斜率和截距较小。根据研究区域内降水的分布，将研究区划分为雨季(5～9月)和旱季(10月～次年4月)进行分析。随着温度升高(从旱季至雨季)，LMWL的斜率和截距减小，表明旱季的蒸发和分馏作用相对较弱(Zhu et al.，2023；Valdivielso et al.，2020)。

图3-13显示了ACA的LMWL斜率和截距随时间的变化。LMWL的斜率和截距随时间的变化趋势相同，但变化的幅度不同。1971～1987年，ACA的LMWL表现出较大的截距，表明ACA受到内陆水汽再循环的影响。1986年以来，ACA斜率逐渐接近8，截距超过10。1988～1998年，可降水量有所增加，这得益于潮湿海洋气团带来的水汽，云下蒸发相对较弱，因此斜率和截距较大。1999～2014年，ACA的LMWL斜率和截距下降，这与输送至ACA的水汽减少有关。西风带来的干燥大陆水汽使得雨滴在相对干燥的云底部大气中分馏，从而使斜率和截距较小。1988年，雨季期间LMWL的斜率和截距均大于GMWL；1998年，LMWL的斜率和截距急剧上升，随后迅速下降，这主要是因为1998年ACA的大气可降水量为120.6mm，受季风影响较强，而西风影响较弱。

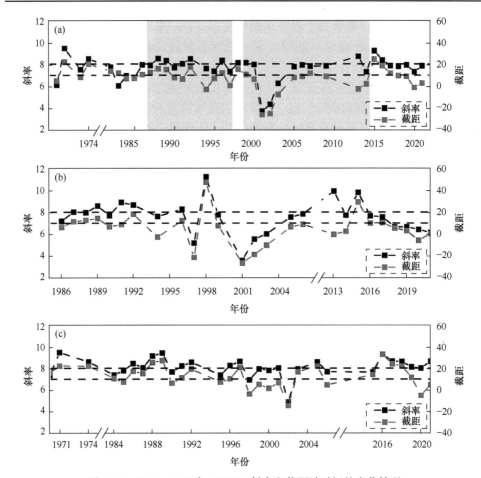

图 3-13　1971～2021 年 GMWL 斜率和截距随时间的变化情况

(a) 所有季节；(b) 雨季；(c) 旱季；上方虚线常数 8 为 GMWL 斜率，下方虚线常数 10 为 GMWL 截距

1988 年以来，可降水量减少，西风占主导地位，带来干燥的大陆水汽，雨滴蒸发量开始增加，导致斜率和截距减小。旱季 LMWL 斜率和截距的变化较雨季平缓，雨季 LMWL 斜率和截距的变化波动较大。

3.5.2　大气环流对 d-excess 变化的影响

d-excess 的物理意义可以表达为开放体系两相冷凝过程中的瑞利分馏和蒸发诱导的 ^{18}O 动态分馏程度(Guo et al.，2019)。d-excess 的主要控制因素是海面温度、风速和水汽源区相对湿度，因此 d-excess 提供了与全球水汽循环有关的信息。干旱区降水少、蒸发大的气候背景，使云下二次蒸发和局地水汽再循环程度与湿润区有较大差异。图 3-14 显示了 ACA 的 d-excess 随时间的变化情况。

1970～2021 年，d-excess 平均值为 10.6‰，高于全球平均值(10.0‰)。结果表明，水汽蒸发过程中水汽的动态分馏作用较强，导致水汽蒸发过程中水汽的 d-excess 较大，d-excess 较大表明来自当地的循环水分对降水有显著贡献(图 3-15)。西风环流主要输送北大西洋和亚欧大陆的 ACA 水汽。西风环流起源于大西洋和北冰洋，并在途中消散，由于干旱区存在大量的云下二次蒸发，西风携带的水汽在到达 ACA 时已被消耗殆尽，这说明输送到 ACA 的水汽主要来自西风带和极地气团。雨季 ACA 的 d-excess 平均值为 8.6‰，范围为 –44.5‰～38.9‰；旱季 ACA 的 d-excess 平均值为 12.0‰，范围为 –46.5‰～54.8‰。ACA 中 d-excess 雨季的平均值小于旱季，这表明雨季的水分供给比旱季强，雨季的动态分馏量比旱季弱。

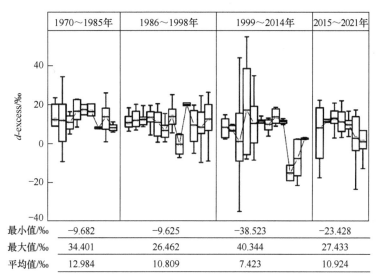

	1970～1985年	1986～1998年	1999～2014年	2015～2021年
最小值/‰	−9.682	−9.625	−38.523	−23.428
最大值/‰	34.401	26.462	40.344	27.433
平均值/‰	12.984	10.809	7.423	10.924

图 3-14　1970～2021 年 d-excess 随时间的变化情况

从图 3-14 可以看出，1970～1985 年 d-excess 平均值从 12.984‰下降到 1999～2014 年的 7.423‰，2015～2021 年 d-excess 平均值为 10.924‰。考虑到降水形成过程中水汽相对湿度的影响，d-excess 越小，水汽量越大。d-excess 越大，说明水汽源气候相对干燥，水汽蒸发过程受到强烈的动态分馏影响，d-excess 越小则代表潮湿的海洋气团带来的水汽量越大。1980～1985 年 ACA 可降水量平均值为 113.9 mm，1986～1998 年为 115.0mm，1999～2014 年为 114.7mm，2015～2021 年为 130.6mm。可见降水量的变化与 d-excess 的变化基本一致，1999～2014 年变化不一致(图 3-16)。由于 ACA 位于内陆地区，d-excess 受到远处水汽频繁波动、云下二次蒸发和水汽再循环的影响，某些年份降水 d-excess 存在不同的区域一致性。总体而言，d-excess 反映的气候变化信息符合实际情况。

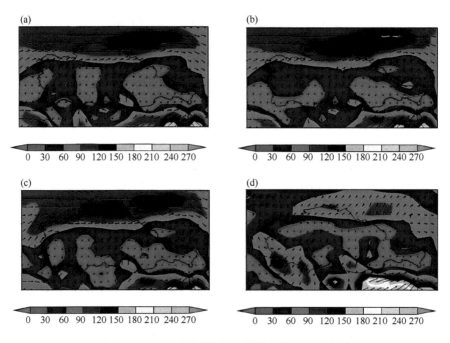

图 3-15　ACA 不同时段水汽通量(单位：kg·m⁻¹·s⁻¹)

(a) 1980～1985 年；(b) 1986～1998 年；(c) 1999～2014 年；(d) 2015～2021 年

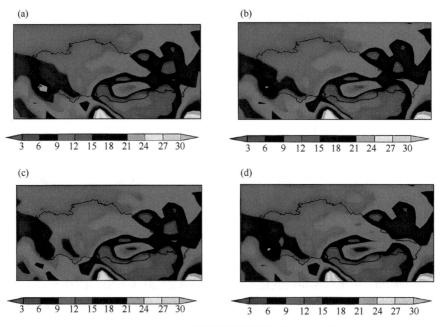

图 3-16　ACA 不同时段可降水量(单位：mm)

(a) 1980～1985 年；(b) 1986～1998 年；(c) 1999～2014 年；(d) 2015～2021 年

3.5.3　大气环流因子对降水稳定同位素的整体影响

大气环流作为全球气候变化的一部分，深刻影响着区域气候(Wang et al., 2022；Clarke et al., 2013)。图 3-17 为降水δ^{18}O、西风指数(WI)、高原季风指数(PMI)和东亚季风指数(EAMI)的时间序列。1970～2021 年，降水δD 呈增加趋势，变化率为 0.59‰/10a；降水δ^{18}O 也呈现增加趋势，变化率为 0.28‰/10a；WI 随时间的增加而降低，变化速率为-0.11/10a；PMI 随时间增加，变化率为 0.33/10a；EAMI 也随时间呈增加趋势，变化率为 0.13/10a。降水中稳定同位素的富集反映了 ACA 西风减弱及高原和东亚季风增强，表明降水稳定同位素包含了大气环流变化的信号。

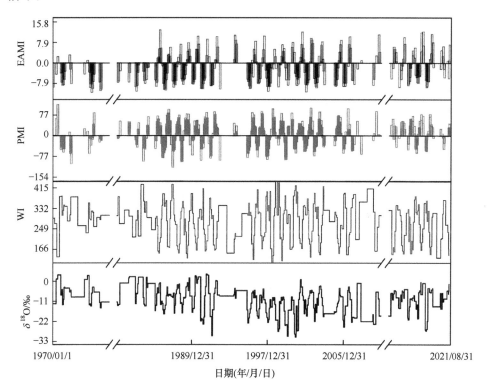

图 3-17　降水δ^{18}O 和大气环流因子的时间序列

图 3-18 显示了降水δ^{18}O 与 WI、PMI 和 EAMI 的相关性(δD 与大气环流因子的相关性与δ^{18}O 相似)。1970～2021 年，降水δ^{18}O 与 WI 的负相关性($R=-0.55$，$P<0.01$)弱于降水δ^{18}O 与 PMI 的正相关性($R=0.60$，$P<0.01$)，略强于降水δ^{18}O 与 EAMI 的正相关性($R=0.54$，$P<0.01$)。结果表明，西风指数、高原季风指数和东亚季风指数均对降水δ^{18}O 有影响，其中高原季风指数对降水δ^{18}O 的影响

最大。1988 年以前，WI 对降水 $\delta^{18}O$ 的控制作用不显著。1988 年以后，WI 对降水 $\delta^{18}O$ 的控制作用开始显著，1999～2014 年，其控制效果强于 PMI 和 EAMI，且占主导地位。西风的减弱推动东亚季风携带的水汽向西、西北方向输送，使得东亚季风带来的水汽可能与南亚季风携带的水汽东线汇合，最终导致 ACA 蒸发减弱，尤其是在冬季。PMI 对降水 $\delta^{18}O$ 有长期的正向控制作用，在 1988～1998 年达到最大。气候变暖增强了高原的升温效应，有利于气团向上运动。高原季风活跃时，ACA 水汽通量场为偏南辐合气流。ACA 上空气流受到低压系统的控制，东侧保持偏南气流，有利于加强和引导南亚夏季风从孟加拉湾向北移动，使 ACA 接收的水汽增加。EAMI 对降水 $\delta^{18}O$ 也有长期的正控制作用，1988～1998 年 EAMI 对降水 $\delta^{18}O$ 的正控制作用强于 PMI。在 100°E 以东区域，ACA 主要受东亚季风影响，东亚季风加强增加了来自西太平洋的暖湿气流，减少了 ACA 的蒸发量(Zhu et al.，2023；Wang et al.，2016)。

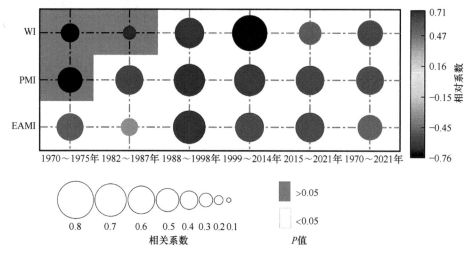

图 3-18　降水 $\delta^{18}O$ 与大气环流因子的相关性(见彩图)

3.6　干旱区再循环水分对降水稳定同位素的影响

降水氢氧同位素组成可用于推断植物蒸腾水汽、地表蒸发和平流水汽的比例(Cluett et al.，2021；Wang et al.，2015)。因此，在水同位素的研究中，许多研究集中在应用 Craig-Gordon 蒸发模型、同位素混合模型、同位素蒸馏模型来评价循环水分和平流水汽对降水的贡献。根据通量的相对大小，同位素混合模型可分为二元混合模型和三元混合模型(Corcoran et al.，2019；Welker，2000)。从模型假设来看，二元混合模型一般侧重于地表蒸发对降水的贡献，但忽略了植物蒸腾水汽的贡献。三元混合模型可以区分植物蒸腾水汽、地表蒸发和平流水汽对降水的相对贡献，在以往的研究中已得到应用(Guo et al., 2022；Welp et al., 2022)。这些研究量化了我国季风区和干旱区循环水分对降水的贡献，但对季风区与干旱区交错带的认识尚不清楚(Wen et al., 2012；Johnson et al., 2004)。也有学者估算了开放水体的蒸发损失及其对降水的贡献，但这些研究大多考虑来自单一下垫面的单一水体对降水的贡献，不同下垫面不同来源的水汽对降水的贡献有待进一步研究。石羊河流域处于季风边缘带，气候受不同的大气环流模式控制，水汽循环过程极为复杂。传统的气象水文方法难以解释水汽循环的具体过程，使得研究大多局限于平流水汽的来源及输送(Kopec et al., 2022；Kong et al., 2019)。虽然此前已有研究将水汽贡献的季节和空间变化应用于石羊河流域，但没有考虑山区、绿洲和荒漠作为独立系统的贡献。石羊河流域作为典型的季风边缘带内陆河流域，其复杂的下垫面自然环境为研究提供了可行的案例。

3.6.1　山区降水水汽来源

在局地水汽输送方面，山区大部分水汽来自石羊河流域北部的绿洲地区义为水汽输送第三阶段。在山区宁缠河小流域共有 4 个采样点($M_1 \sim M_4$)，由于 M_4 点位于高寒草甸带，植被生长季节较短，每个月的 δ_{tr} 用河水同位素值代替。图 3-19 展示了三个区域的计算结果和石羊河流域水汽再循环过程。经计算，4～10 月植

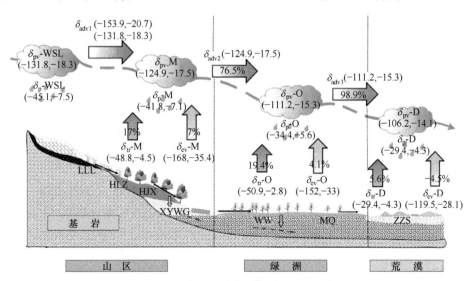

图 3-19　石羊河流域水汽再循环过程示意图

图中数字分别为水循环过程中降水(δ_p)、降水水汽(δ_{pv})、植物蒸腾水汽(δ_{tr})、地表蒸发水汽(δ_{ev})、平流水汽(δ_{adv})的同位素值，单位均为‰；箭头上的百分数是相应的水汽贡献率；大写字母缩写表示采样站

物蒸腾水汽贡献率 f_{tr} 变化范围为 7%~17%，平均值为 11%；地表蒸发水汽贡献率 f_{ev} 变化范围为 3%~11%，平均值为 6%；平流水汽贡献率 f_{adv} 的变化范围为 72%~89%，山区的平均值为 83%。从图 3-20 可以看出，f_{tr} 和 f_{ev} 在 4~7 月呈上升趋势，在 8~10 月呈下降趋势，这一季节变化与温度变化具有较高的一致性。总体而言，荒漠、绿洲和山区的 f_{tr} 和 f_{ev} 变化相对一致，但由于各站点区域环境有差异，f_{tr} 和 f_{ev} 的变化量需要进一步讨论。

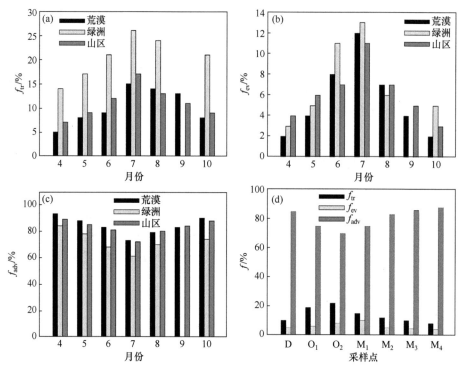

图 3-20　石羊河流域荒漠、绿洲、山区及各采样点 f_{tr}、f_{ev}、f_{adv} 的月变化情况

(a) f_{tr}；(b) f_{ev}；(c) f_{adv}；(d) 各采样点贡献率

3.6.2　绿洲降水水汽来源

在水汽输送经荒漠地带至中上游的环节中，水汽首先抵达绿洲区域，此阶段称为水汽输送的第二阶段。在部分月份，当水汽从 ZZS 站迁移至 MQ 站和 WW 站时，同位素贫化现象并不显著，因此绿洲地区 MQ 和 WW 采样站的 δ_{adv} 可视为荒漠地区 ZZS 站的 δ_{adv2} 或 δ_{pv2}。以绿洲区域采样站作物水同位素值替代 δ_{tr}。经计算，4~10 月，f_{tr} 的变化范围为 14%~26%，平均值为 21%；f_{ev} 的变化范围为 3%~13%，平均值为 7%；f_{adv} 的变化范围为 61%~82%，平均值为 72%(图 3-20)。

3.6.3　荒漠降水水汽来源

对输送到石羊河流域的水汽源进行聚类，发现石羊河流域水汽迁移轨迹始终是由下游向上游，即从荒漠到绿洲再到山区。因此，估算荒漠循环水分对降水的贡献率(ZZS 站)。ZZS 站以石羊河流域下游东部银川观测站为上风站，水汽由银川经东南季风路径输送至 ZZS 站。研究区经银川站的季风输送水汽定义为平流水汽的第一级。在夏季风携带的水汽从海岸向内陆输送过程中，水汽同位素经过分馏而消耗殆尽，这个过程可以用瑞利分馏方程来模拟。在银川站向 ZZS 站水汽输送过程中，部分月份受同位素效应影响，同位素分馏不明显。在这些月份，δ_{adv1} 可视为银川站降水水汽同位素值(δ_{pv1})。在计算 δ_{ev} 时，δ_s 用当地降水同位素值代替，δ_{adv} 为银川站 δ_{adv1} 或 δ_{pv1}，由于 ZZS 站位于沙漠和半沙漠地区，几乎没有植被生长，缺乏植被样本，因此 ZZS 站的 δ_{tr} 用 δ_p 代替。利用 Isoerror 软件计算不同月份荒漠地区的 f_{tr}、f_{ev} 和 f_{adv}，并在此基础上计算出 δ_{tr}、δ_{ev} 和 δ_{adv}。经计算，3～9 月 f_{tr} 变化范围为 5%～15%，平均值为 10%；f_{ev} 变化范围为 2%～12%，平均值为 5%；f_{adv} 的变化范围为 73%～93%，平均值为 85%。

3.6.4　水库(湖泊)对再循环水分的影响

石羊河流域各采样站对地表蒸发水汽的贡献率在 4%～9%，山区 M_1 点地表蒸发水汽的贡献率最大，为 9%。植物蒸腾水汽贡献率与地表蒸发水汽的空间变化相似，M_1 点的植物蒸腾水汽贡献率为 15%(图 3-20)。M_1 点再循环水分的贡献率高达 24%，高于石羊河流域山区其他采样点，其中地表蒸发最为显著。一些研究表明，大型开放水体的蒸发对降水的贡献率可能很大，也会增加局部水汽循环率。西营水库距 M_1 点 4.4km，是山区最大的人工水体。研究区西营水库的存在可能是 M_1 点再循环水分贡献率突然增大的主要原因。为了进一步分析其原因，将石羊河流域各站点的气温和相对湿度与 f_{tr} 和 f_{ev} 进行比较。各采样站的气温和相对湿度从上游到下游分别呈下降和上升趋势，M_1 点气温下降缓慢，相对湿度明显升高。这进一步表明西营水库可能增加了循环水分对降水的贡献率，一些关于湖泊蒸发损失及其对降水贡献的研究也支持这一结论。夏季，北美五大湖湖水蒸发对大气水汽的贡献率在 4.6%～15.7%；青海湖流域蒸发对降水的年贡献率为 23.42%；纳木错湖蒸发水汽对当地大气水汽的贡献率为 28.4%～31.1%。因此，位于干旱区的开放水体对当地再循环水分的影响及对降水的贡献不容忽视(Zhu et al.，2019)。

3.6.5　绿洲效应对再循环水分的影响

如图 3-20 所示，石羊河各采样站植物蒸腾水汽的贡献率始终大于地表蒸发水汽的贡献率，这与其他地区的研究结论一致。先前的研究结合了全球 81 个地点，结果表明植物蒸腾水汽在全球范围内的水循环中起着重要作用，占再循环水分的61%，对降水的贡献率为 39%。尽管我国西北干旱区的绿洲只占土地面积的一小部分(5%)，但其对人口及其农业活动至关重要，对局地降水和局地水汽循环也有重要意义。Wang 等(2016)利用再循环水分的同位素特征揭示了中亚干旱区的绿洲效应，并证明大绿洲的水汽再循环比小绿洲更明显。在研究区，武威绿洲 O_2 点降水中再循环水分的贡献率为 30%，植物蒸腾水汽占当地再循环水分的 73%，这一数值低于我国西北第二大内陆河流域黑河流域绿洲的平均值 87%(Zhu et al.，2019)。

参 考 文 献

刘昌明, 2002. 二十一世纪中国水资源若干问题的讨论[J]. 水利水电技术, 33(1): 15-19.

刘昌明, 孙睿, 1999. 水循环的生态学方面: 土壤-植被-大气系统水分能量平衡研究进展[J]. 水科学进展, 10(3): 251-259.

刘忠方, 田立德, 姚檀栋, 等, 2009. 中国大气降水中 $\delta^{18}O$ 的空间分布[J]. 科学通报, 54(6): 804-811.

陆大道, 2002. 关于地理学的"人-地系统"理论研究[J]. 地理研究, 21(2): 135-145.

陆桂华, 何海, 2006. 全球水循环研究进展[J]. 水科学进展, 17(3): 419-424.

施雅风, 刘时银, 上官冬辉, 等, 2006. 近 30a 青藏高原气候与冰川变化中的两种特殊现象[J]. 气候变化研究进展, 2(4): 154-160.

王圣杰, 王立伟, 张明军, 2023. 降水氢氧稳定同位素景观图谱方法与应用[J]. 应用生态学报, 34(2): 566-576.

章新平, 施雅风, 姚檀栋, 1995. 青藏高原东北部降水中 $\delta^{18}O$ 的变化特征[J]. 中国科学(B 辑), 25(5): 540-547.

ACHARYA S, YANG X, YAO T, et al., 2020. Stable isotopes of precipitation in Nepal Himalaya highlight the topographic influence on moisture transport[J]. Quaternary International, 565: 22-30.

AEMISEGGER F, PFAHL S, SODEMANN H, et al., 2014. Deuterium excess as a proxy for continental moisture recycling and plant transpiration[J]. Atmospheric Chemistry and Physics, 14(8): 4029-4054.

AGGARWAL P K, ALDUCHOV O A, FROEHLICH K O, et al., 2012. Stable isotopes in global precipitation: A unified interpretation based on atmospheric moisture residence time[J]. Geophysical Research Letters, 39(11): 2012GL051937.

AGGARWAL P K, FRÖHLICH K, KULKARNI K M, et al., 2004. Stable isotope evidence for moisture sources in the asian summer monsoon under present and past climate regimes[J]. Geophysical Research Letters, 31(8): 2004GL019911.

ANSARI MD A, NOBLE J, DEODHAR A, et al., 2020. Atmospheric factors controlling the stable isotopes ($\delta^{18}O$ and δ^2H) of the Indian summer monsoon precipitation in a drying region of Eastern India[J]. Journal of Hydrology, 584: 124636.

ARNAULT J, NIEZGODA K, JUNG G, et al., 2022. Disentangling the contribution of moisture source change to isotopic proxy signatures: Deuterium tracing with WRF-Hydro-Iso-Tag and application to Southern African holocene sediment archives[J]. Journal of Climate, 35(22): 7455-7479.

BARNES S L, 1968. An empirical shortcut to the calculation of temperature and pressure at the lifted condensation level[J]. Journal of Applied Meteorology, 7(3): 511.

BARRAS V J I, SIMMONDS I, 2008. Synoptic controls upon $\delta^{18}O$ in southern Tasmanian precipitation[J]. Geophysical Research Letters, 35(2): 2007GL031835.

BERSHAW J, SAYLOR J E, GARZIONE C N, et al., 2016. Stable isotope variations (δ^{18}O and δ^2H) in modern waters across the Andean Plateau[J]. Geochimica et Cosmochimica Acta, 194: 310-324.

BOWEN G J, CAI Z, FIORELLA R P, et al., 2019. Isotopes in the water cycle: Regional- to global-scale patterns and applications[J]. Annual Review of Earth and Planetary Sciences, 47(1): 453-479.

BRIENEN R J W, HELLE G, PONS T L, et al., 2012. Oxygen isotopes in tree rings are a good proxy for Amazon precipitation and El Niño-Southern Oscillation variability[J]. Proceedings of the National Academy of Sciences, 109(42): 16957-16962.

CAI Y, FUNG I Y, EDWARDS R L, et al., 2015. Variability of stalagmite-inferred Indian monsoon precipitation over the past 252,000y[J]. Proceedings of the National Academy of Sciences, 112(10): 2954-2959.

CHAKRABORTY S, SINHA N, CHATTOPADHYAY R, et al., 2016. Atmospheric controls on the precipitation isotopes over the Andaman Islands, Bay of Bengal[J]. Scientific Reports, 6(1): 19555.

CLARKE R C, MERLIN M D, 2013. Cannabis Evolution and Ethnobotany[M]. Berkeley: University of California Press.

CLUETT A A, THOMAS E K, EVANS S M, et al., 2021. Seasonal variations in moisture origin explain spatial contrast in precipitation isotope seasonality on coastal Western Greenland[J]. Journal of Geophysical Research: Atmospheres, 126(11): e2020JD033543.

CORCORAN M C, THOMAS E K, BOUTT D F, 2019. Event-based precipitation isotopes in the laurentian great lakes region reveal spatiotemporal patterns in moisture recycling[J]. Journal of Geophysical Research: Atmospheres, 124(10): 5463-5478.

CUI B L, LI X Y, 2015. Stable isotopes reveal sources of precipitation in the Qinghai Lake Basin of the northeastern Tibetan Plateau[J]. Science of The Total Environment, 527-528: 26-37.

DANSGAARD W, 1964. Stable isotopes in precipitation[J]. Tellus, 16(4): 436-468.

DIETERMANN N, WEILER M, 2013. Spatial distribution of stable water isotopes in alpine snow cover[J]. Hydrology and Earth System Sciences, 17(7): 2657-2668.

DUAN P, LI H, MA Z, et al., 2023. Interdecadal to centennial climate variability surrounding the 8.2ka event in North China revealed through an annually resolved speleothem record from Beijing[J]. Geophysical Research Letters, 50(1): e2022GL101182.

FROEHLICH K, KRALIK M, PAPESCH W, et al., 2008. Deuterium excess in precipitation of Alpine regions-moisture recycling[J]. Isotopes in Environmental and Health Studies, 44(1): 61-70.

GALEWSKY J, JENSEN M P, DELP J, 2022. Marine boundary layer decoupling and the stable isotopic composition of water vapor[J]. Journal of Geophysical Research: Atmospheres, 127(3): e2021JD035470.

GAO J, MASSON-DELMOTTe V, YAO T, et al., 2011. Precipitation water stable isotopes in the south Tibetan Plateau: Observations and modeling[J]. Journal of Climate, 24(13): 3161-3178.

GAT J R, 2000. Atmospheric water balance-the isotopic perspective[J]. Hydrological Processes, 14(8): 1357-1369.

GAT J R, BOWSER C J, KENDALL C, 1994. The contribution of evaporation from the Great Lakes to the continental atmosphere: Estimate based on stable isotope data[J]. Geophysical Research Letters, 21(7): 557-560.

GONFIANTINI R, ROCHE M A, OLIVRY J C, et al., 2001. The altitude effect on the isotopic composition of tropical rains[J]. Chemical Geology, 181(1-4): 147-167.

GUO H, ZHU G, HE Y, et al., 2019. Dynamic characteristics and influencing factors of precipitation δ^{18}O, China[J]. Theoretical and Applied Climatology, 2019, 138(1-2): 899-910.

GUO X, FENG Q, SI J, et al., 2022. Considerable influences of recycled moistures and summer monsoons to local precipitation on the northeastern Tibetan Plateau[J]. Journal of Hydrology, 605: 127343.

GUO X, GONG X, SHI J, et al., 2021. Temporal variations and evaporation control effect of the stable isotope composition of precipitation in the subtropical monsoon climate region, Southwest China[J]. Journal of Hydrology, 599: 126278.

INSEL N, POULSEN C J, EHLERS T A, 2010. Influence of the Andes Mountains on South American moisture transport, convection, and precipitation[J]. Climate Dynamics, 35(7-8): 1477-1492.

JEELANI G, SHAH R A, FRYAR A E, et al., 2018. Hydrological processes in glacierized high-altitude basins of the western Himalayas[J]. Hydrogeology Journal, 26(2): 615-628.

JING Z, YU W, SCHNEIDER A, et al., 2021 Interannual variation in stable isotopes in water vapor over the northern Tibetan Plateau linked to ENSO[J]. Geophysical Research Letters, 48(8): e2021GL092708.

JOHNSON K R, INGRAM B L, 2004. Spatial and temporal variability in the stable isotope systematics of modern precipitation in China: Implications for paleoclimate reconstructions[J]. Earth and Planetary Science Letters, 220(3-4): 365-377.

KONG Y, WANG K, LI J, et al., 2019. Stable isotopes of precipitation in China: A consideration of moisture sources[J]. Water, 11(6): 1239.

KOPEC B G, FENG X, OSTERBERG E C, et al., 2022. Climatological significance of δD - $\delta^{18}O$ line slopes from precipitation, snow pits, and ice cores at Summit, Greenland[J]. Journal of Geophysical Research: Atmospheres, 127(21): e2022JD037037.

LAONAMSAI J, ICHIYANAGI K, KAMDEE K, 2020. Geographic effects on stable isotopic composition of precipitation across Thailand[J]. Isotopes in Environmental and Health Studies, 56(2): 111-121.

LI J, PANG Z, 2022. The elevation gradient of stable isotopes in precipitation in the eastern margin of Tibetan Plateau[J]. Science China Earth Sciences, 65(10): 1972-1984.

LI Z, FENG Q, WANG Q J, et al., 2016. Contributions of local terrestrial evaporation and transpiration to precipitation using δ18O and d-excess as a proxy in Shiyang inland river basin in China[J]. Global and Planetary Change, 146: 140-151.

LI Z, GAO, WANG Y, et al., 2015. Can monsoon moisture arrive in the Qilian Mountains in summer?[J]. Quaternary International, 358: 113-125.

LIU X, XIE X, GUO Z, et al., 2022. Model-based orbital-scale precipitation $\delta^{18}O$ variations and distinct mechanisms in Asian monsoon and arid regions[J]. National Science Review, 9(11): nwac182.

LONE S A, JEELANI G, DESHPANDE R D, et al., 2019. Stable isotope ($\delta^{18}O$ and δD) dynamics of precipitation in a high altitude Himalayan cold desert and its surroundings in Indus river basin, Ladakh[J]. Atmospheric Research, 221: 46-57.

MAN W, ZHOU T, JIANG J, et al., 2022. Moisture sources and climatic controls of precipitation stable isotopes over the Tibetan Plateau in water-tagging simulations [J]. Journal of Geophysical Research: Atmospheres, 127(9): e2021JD036321.

MUTZ S G, EHLERS T A, LI J, et al., 2016. Precipitation $\delta^{18}O$ over the Himalaya-Tibet orogen from ECHAM5-wiso simulations: Statistical analysis of temperature, topography and precipitation[J]. Journal of Geophysical Research: Atmospheres, 121(16): 9278-300.

NLEND B, HUNEAU F, GAREL E, et al., 2023. Precipitation isoscapes in areas with complex topography: Influence of large-scale atmospheric dynamics versus microclimatic phenomena[J]. Journal of Hydrology, 617: 128896.

PANG H, HOU S, LANDAIS A, et al., 2019. Influence of summer sublimation on δD, $\delta^{18}O$, and $\delta^{17}O$ in precipitation,

East Antarctica, and implications for climate reconstruction from ice cores[J]. Journal of Geophysical Research: Atmospheres, 2019, 124(13): 7339-7358.

PENG T, LIU K, WANG C, et al., 2011. A water isotope approach to assessing moisture recycling in the island‐based precipitation of Taiwan: A case study in the western Pacific[J]. Water Resources Research, 47(8): 2010WR009890.

POAGE M A, CHAMBERLAIN C P, 2002. Stable isotopic evidence for a Pre-Middle Miocene rain shadow in the western Basin and Range: Implications for the paleotopography of the Sierra Nevada[J]. Tectonics, 21(4): 2001TC001303.

REN W, TIAN L, SHAO L, 2021. Regional moisture sources and Indian summer monsoon (ISM) moisture transport from simultaneous monitoring of precipitation isotopes on the southeastern and northeastern Tibetan Plateau[J]. Journal of Hydrology, 601: 126836.

REN W, YAO T, YANG X, et al., 2013. Implications of variations in δ^{18}O and δD in precipitation at Madoi in the eastern Tibetan Plateau[J]. Quaternary International, 313-314: 56-61.

RISI C, BONY S, VIMEUX F, 2008. Influence of convective processes on the isotopic composition (δ^{18}O and δD) of precipitation and water vapor in the tropics: 2. Physical interpretation of the amount effect[J]. Journal of Geophysical Research: Atmospheres, 113(D19): 2008JD009943.

ROZANSKI K, ARAGUÁS-ARAGUÁS L, GONFIANTINI R, 1992. Relation between long-term trends of oxygen-18 isotope composition of precipitation and climate[J]. Science, 258(5084): 981-985.

SÁNCHEZ-MURILLO R, BIRKEL C, WELSH K, et al., 2016. Key drivers controlling stable isotope variations in daily precipitation of Costa Rica: Caribbean Sea versus Eastern Pacific Ocean moisture sources[J]. Quaternary Science Reviews, 131: 250-261.

SARAVANA KUMAR U, KUMAR B, RAI S P, et al., 2010. Stable isotope ratios in precipitation and their relationship with meteorological conditions in the Kumaon Himalayas, India[J]. Journal of Hydrology, 391(1-2): 1-8.

SHERWOOD S C, MINNIS P, MCGILL M, 2004. Deep convective cloud-top heights and their thermodynamic control during CRYSTAL-FACE[J]. Journal of Geophysical Research: Atmospheres, 109(D20): 2004JD004811.

SHI X, RISI C, LI L, et al., 2022. What controls the skill of general circulation models to simulate the seasonal cycle in water isotopic composition in the Tibetan Plateau region?[J]. Journal of Geophysical Research: Atmospheres, 127(22): e2022JD037048.

STEFANESCU I C, SHUMAN B N, GRIGG L D, et al., 2023. Weak precipitation δ^2H response to large Holocene hydroclimate changes in eastern North America[J]. Quaternary Science Reviews, 304: 107990.

STUMPP C, KLAUS J, STICHLER W, 2014. Analysis of long-term stable isotopic composition in German precipitation[J]. Journal of Hydrology, 517: 351-361.

SUN C, CHEN Y, LI J, et al., 2019. Stable isotope variations in precipitation in the northwesternmost Tibetan Plateau related to various meteorological controlling factors[J]. Atmospheric Research, 227: 66-78.

SUN C, ZHOU S, JING Z, 2023. Variability of precipitation-stable isotopes and moisture sources of two typical landforms in the eastern Loess Plateau, China[J]. Journal of Hydrology: Regional Studies, 46: 101349.

TIAN L, MA L, YU W, et al., 2008. Seasonal variations of stable isotope in precipitation and moisture transport at Yushu, eastern Tibetan Plateau[J]. Science in China Series D: Earth Sciences, 51(8): 1121-1128.

TIAN L, YAO T D, NUMAGUTI A, et al., 2001. Stable Isotope Variations in Monsoon Precipitation on the Tibetan Plateau [J]. Journal of the Meteorological Society of Japan, 79(5): 959-966.

TORRI G, 2022. Isotopic equilibration in convective downdrafts[J]. Geophysical Research Letters, 49(15): e2022GL098743.

VALDIVIELSO S, VÁZQUEZ-SUÑÉ E, CUSTODIO E, 2020. Origin and variability of oxygen and hydrogen isotopic composition of precipitation in the Central Andes: A review[J]. Journal of Hydrology, 587: 124899.

WANG S, JIAO R, ZHANG M, et al., 2021. Changes in below-cloud evaporation affect precipitation isotopes during five decades of warming across China[J]. Journal of Geophysical Research: Atmospheres, 126(7): e2020JD033075.

WANG S, LEI S, ZHANG M, et al., 2022. Spatial and seasonal isotope variability in precipitation across China: Monthly isoscapes based on regionalized fuzzy clustering[J]. Journal of Climate, 35(11): 3411-3425.

WANG S, ZHANG M, CHE Y, et al., 2016. Contribution of recycled moisture to precipitation in oases of arid central Asia: A stable isotope approach[J]. Water Resources Research, 52(4): 3246-3257.

WANG X, LI Z, TAYIER R, et al., 2015. Characteristics of atmospheric precipitation isotopes and isotopic evidence for the moisture origin in Yushugou River basin, Eastern Tianshan Mountains, China[J]. Quaternary International, 380-381: 106-115.

WELKER J M, 2000. Isotopic (δ^{18}O) characteristics of weekly precipitation collected across the USA: An initial analysis with application to water source studies[J]. Hydrological Processes, 14(8): 1449-1464.

WELP L R, OLSON E J, VALDIVIA A L, et al., 2022. Reinterpreting precipitation stable water isotope variability in the Andean Western Cordillera due to sub-seasonal moisture source changes and sub-cloud evaporation[J]. Geophysical Research Letters, 49(18): e2022GL099876.

WEN R, TIAN L, WENG Y, et al., 2012. The altitude effect of δ^{18}O in precipitation and river water in the Southern Himalayas[J]. Chinese Science Bulletin, 57(14): 1693-1698.

YIN J J, WANG Z, YUAN D, et al., 2023. The severe drought event of 2009–2010 over southwest China as recorded by a cave stalagmite from southeast Yunnan: Implication for stalagmite δ^{18}O interpretation in the Asian monsoon region[J]. Quaternary Science Reviews, 302: 107967.

YOSHIMURA K, 2015. Stable water isotopes in climatology, meteorology, and hydrology: A Review[J]. Journal of the Meteorological Society of Japan. Ser. II, 93(5): 513-533.

YU W, TIAN L, YAO T, et al., 2017. Precipitation stable isotope records from the northern Hengduan Mountains in China capture signals of the winter India–Burma Trough and the Indian Summer Monsoon[J]. Earth and Planetary Science Letters, 477: 123-133.

YU W, WEI F, MA Y, et al., 2016. Stable isotope variations in precipitation over Deqin on the southeastern margin of the Tibetan Plateau during different seasons related to various meteorological factors and moisture sources[J]. Atmospheric Research, 170: 123-130.

YU W, YAO T, THOMPSON L G, et al., 2021. Temperature signals of ice core and speleothem isotopic records from Asian monsoon region as indicated by precipitation δ^{18}O[J]. Earth and Planetary Science Letters, 554: 116665.

ZANNONI D, STEEN-LARSEN H C, PETERS A J, et al., 2022. Non-equilibrium fractionation factors for D/H and ^{18}O/^{16}O during oceanic evaporation in the North-West Atlantic region[J]. Journal of Geophysical Research: Atmospheres, 127(21): e2022JD037076.

ZHAN Z, PANG H, WU S, et al., 2023. Determining key upstream convection and rainout zones affecting δ^{18}O in water vapor and precipitation based on 10-year continuous observations in the East Asian Monsoon region[J]. Earth and Planetary Science Letters, 601: 117912.

ZHANG F, HUANG T, MAN W, et al., 2021a. Contribution of recycled moisture to precipitation: A modified D-excess-based model[J]. Geophysical Research Letters, 48(21): e2021GL095909.

ZHANG J, YU W, JING Z, et al., 2021b. Coupled effects of moisture transport pathway and convection on stable isotopes in precipitation across the East Asian monsoon region: Implications for paleoclimate reconstruction[J]. Journal of Climate: 34: 9811-9822.

ZHANG K, PAN S, CAO L, et al., 2014. Spatial distribution and temporal trends in precipitation extremes over the Hengduan Mountains region, China, from 1961 to 2012[J]. Quaternary International, 349: 346-356.

ZHANG M J, Wang S J, 2018. Precipitation isotopes in the Tianshan Mountains as a key to water cycle in arid central Asia[J]. Sciences in Cold and Arid Regions, 10(1): 27-37.

ZHANG X P, LIU J M, MASAYOSHI N, et al., 2009. Vapor origins revealed by deuterium excess in precipitation in southwest China[J]. Journal of Glaciolgy and Geocryology, 31(4): 613-619.

ZHAO L, YIN L, XIAO H, et al., 2011. Isotopic evidence for the moisture origin and composition of surface runoff in the headwaters of the Heihe River basin[J]. Chinese Science Bulletin, 56(4-5): 406-415.

ZHAO P, TAN L, ZHANG P, et al., 2018. Stable isotopic characteristics and influencing factors in precipitation in the monsoon marginal region of Northern China[J]. Atmosphere, 9(3): 97.

ZHOU J L, LI T Y, 2018. A tentative study of the relationship between annual $\delta^{18}O$ & δD variations of precipitation and atmospheric circulations—A case from Southwest China[J]. Quaternary International, 479: 117-127.

ZHU G, GUO H, QIN D, et al., 2019. Contribution of recycled moisture to precipitation in the monsoon marginal zone: Estimate based on stable isotope data[J]. Journal of Hydrology, 569: 423-435.

ZHU G, LIU Y, SHI P, et al., 2022. Stable water isotope monitoring network of different water bodies in Shiyang River basin, a typical arid river in China[J]. Earth System Science Data, 14(8): 3773-3789.

ZHU G, LIU Y, WANG L, et al., 2023. The isotopes of precipitation have climate change signal in arid Central Asia[J]. Global and Planetary Change, 225: 104103.

ZHU G, PU T, HE Y, et al., 2013. Characteristics of inorganic ions in precipitation at different altitudes in the Yulong Snow Mountain, China[J]. Environmental Earth Sciences, 70(6): 2807-2816.

ZHU G, ZHANG Z, GUO H, et al., 2021. Below-cloud evaporation of precipitation isotopes over mountains, oases, and deserts in arid areas[J]. Journal of Hydrometeorology, 22(10): 2533-2545.

第4章　干旱区地表水与地下水稳定同位素

4.1　干旱区地表水

4.1.1　干旱区地表水稳定同位素研究概述

学者已经对干旱区的水资源进行了大量研究，如干旱区再循环水分对降水影响的研究、不同类型水体稳定氧同位素的蒸发损失研究、黑河流域水分循环特征研究、干旱区地下水系统变化的机制以及降水稳定同位素与海拔的关系研究等(汪集旸等，2015)。这些研究结果表明，干旱区蒸发量巨大，局部蒸发在水文循环中发挥重要作用。由于存在内陆河，内陆绿洲地区的农业得以迅速发展。利用稳定同位素解释水循环各部分水体补给转化的研究主要集中在：①不同盆地地表水和地下水的相互迁移和转化；②典型盆地和地区不同水体的补给机制；③水龄、循环速率、过境时间、更新周期、补给源和补给高程估算。此外，同位素技术与水文模型的结合为解决流域水循环中的许多现实问题提供了方法：①同位素与经典水文研究方法相结合，以识别流域水循环过程；②同位素与水文模型耦合，揭示盆地的水文机制。目前，稳定同位素技术正在不断深化和发展，并逐步与水文、遥感等其他领域的技术方法整合。稳定同位素水文学的研究和应用领域不断扩大，技术方法和研究工具跨学科、多学科一体化发展为同位素水循环的研究提供了强有力的保障(顾慰祖，2011)。由于水库建设和农田的增加，内陆河流域水循环的自然属性被破坏，因此对石羊河流域蒸发损失及其影响因素的研究有待进一步深入。

蒸腾作用通常被认为是大陆水通量的最大贡献者，地表水的蒸发损失及河流、湖泊和湿地的水位波动是陆地水文循环的重要因素，在植被覆盖稀少的干旱和半干旱区尤其如此。

传统的蒸发损失估算方法包括能量平衡法、经验公式法等，这些方法要么需要长期观察，要么精度低且成本高。与这些方法相比，稳定同位素方法是最可靠的。随着稳定同位素方法的成熟，其已广泛应用于水源识别、蒸发损失估算、水流成分分析等领域。Craig 和 Gordon(1965)首次提出了利用稳定同位素估算蒸发损失的方法，以解释蒸发过程中水蒸气的同位素组成。Mohammed 等(2016)改进了该方法，使其作为一种同位素质量平衡方法，利用稳定同位素组成来估算流域的短期蒸发损失。

4.1.2　干旱区地表水稳定同位素实证研究

1. 地表水中稳定同位素值的时空变化

1) 地表水中稳定同位素值的时间变化

石羊河地表水的稳定同位素值在不同地点存在差异(图 4-1、表 4-1)。从山区到绿洲再到荒漠地区，稳定同位素呈现逐渐富集的趋势。荒漠地区极端干旱，植被稀少，地表水容易蒸发，因此稳定同位素非常富集。从时间上看，采样期间山区和绿洲地区地表水的稳定同位素值略有变化，但荒漠地区地表水的稳定同位素值随时间的推移变化很大。可以看出，荒漠降水稳定同位素在夏季富集，春秋季贫化，2018 年波动较大，没有表现出相同的变化趋势。这是因为青土湖湖水的稳定同位素值不仅受蒸发的影响，还受人类活动的影响。当丰水期到来时，稳定同

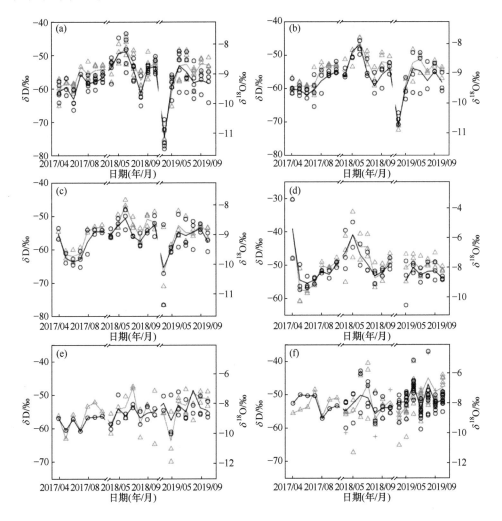

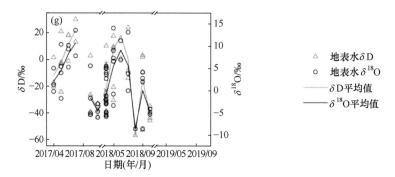

图 4-1　采样期间河湖连续体地表水中 $\delta^{18}O$ 和 δD 的月变化情况

(a) 山区 1；(b) 山区 2；(c) 西营水库；(d) 绿洲 1；(e) 绿洲 2；(f) 红崖山水库；(g) 荒漠(青土湖)

位素值较低的红崖山水库排放的水流入青土湖，使湖水的稳定同位素值降低。在非补水期间，湖水在热干气候条件下不断蒸发，使湖水的稳定同位素逐渐富集。

表 4-1　采样期间各采样点地表水稳定同位素值

采样点	$\delta^{18}O/‰$			$\delta D/‰$		
	最大值	最小值	平均值	最大值	最小值	平均值
山区 1	−8.28	−11.12	−9.20	−48.36	−73.84	−55.59
山区 2	−8.01	−10.71	−9.16	−45.97	−71.58	−55.00
西营水库	−8.45	−10.11	−9.15	−46.71	−67.06	−55.46
绿洲 1	−5.42	−9.08	−8.01	−57.54	−39.14	−49.54
绿洲 2	−7.13	−9.85	−8.72	−47.74	−63.75	−54.98
红崖山水库	−6.79	−9.07	−7.98	−45.21	−57.50	−52.33
荒漠(青土湖)	10.67	−8.64	1.93	21.65	−57.05	−11.85

2) 地表水中稳定同位素值的空间变化

基于地表水稳定同位素数据，得到采样期间每个采样点稳定同位素值的平均值。根据采样点与河源之间的距离，得到石羊河沿线地表水稳定同位素值的变化趋势，如图 4-2 所示。一般来说，随着河流的流动，稳定同位素呈现逐渐富集的趋势，这主要是蒸发所致，沿着河道河水的蒸发程度可能逐渐增加。

在山区，气团爬升造成雨影效应，山区降水较多，植被覆盖度较高。石羊河上游的植被以高山灌木为主。由于高覆盖度植物的蒸腾作用和大量降水，空气湿度较高，低温度和高湿度使山区地表水的蒸发减弱。因此，山区同位素的富集并不明显，如图 4-2 所示。在绿洲和荒漠地区，自然植被覆盖度较低，主要分布在河岸和道路两侧。特别是在石羊河尾间地区，气候干燥，植被较少，相对较高的温度和较低的空气湿度使蒸发更加严重。如图 4-2 所示，荒漠地区地表水的稳定同位素最为富集。采样点 O_3 和 O_4 之间存在同位素损耗，这可能是水跨流域转移造成的(2001 年开始，

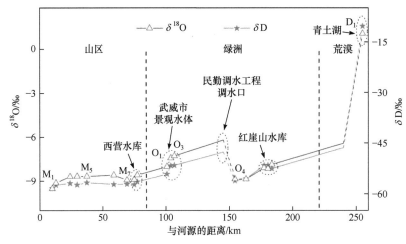

图 4-2　采样期间石羊河采集的地表水稳定同位素值平均值

甘肃省实施了民勤调水项目，每年引进 1 亿 m³ 黄河水流入石羊河，出水口位于采样点 O₃ 和 O₄ 之间）。红崖山水库与青土湖之间的水力连接是通过输水渠道维持的，这种连接仅存在于输水期间，因此青土湖地表水稳定同位素比红崖山水库更富集。

2. 蒸发对干旱区地表水稳定同位素的影响

1) 蒸发对干旱区地表水稳定同位素的影响概述

蒸发和蒸腾作用在全球水文循环中起着至关重要的作用,在干旱和半干旱区,蒸发往往是大陆水通量的最大贡献者。蒸发是干旱和半干旱区地表水分损失的重要原因。有研究表明，美国得克萨斯州蒸发损失占水库产水量的 40%~60%，埃及尼罗河占 20%~40%，我国新疆西北部占 40%，澳大利亚昆士兰州占 40%。蒸发损失会随着温度的升高而增加。到 2100 年，估计蒸发损失每年增加 1.09~2.74mm，从而使旱季可用地表水减少 5.5%~10.4%。蒸发损失会导致可用水资源的直接损失。内陆河是干旱和半干旱区的主要水资源，因此有必要在气候不断变化的背景下，对河流系统的蒸发损失进行系统评估。

干旱区生态环境易受人类活动和气候变化干扰的影响，水资源管理面临着生态保护和水平衡经济发展的困境。水是该地区绿洲生态系统结构形成、发育的决定因素。为了了解干旱区水文和生态过程，有必要详细研究水文循环和水平衡特征。河流和湖泊的蒸发损失在该地区水文循环中起着重要的作用。

2) 蒸发对干旱区地表水稳定同位素影响的实证研究

石羊河流域山区地表水稳定同位素值在秋季(δ^{18}O 和 δD 的平均值分别为 −8.90‰和−52.66‰)高于夏季(δ^{18}O 和 δD 的平均值分别为−9.10‰和−53.84‰)，而绿洲和荒漠地区的地表水稳定同位素值则呈现不同的变化趋势，即夏季高于春季和秋季。夏季蒸发量随着温度的升高而增加，使稳定同位素富集。此外，全流域降水稳定同位素值与绿洲和荒漠地区地表水稳定同位素值变化趋势相同。

基于石羊河流域降水 $\delta^{18}O$ 和 δD 数据，山区、绿洲和荒漠局地大气水线 (LMWL) 分别为 $\delta D=7.83\delta^{18}O+11.88(R^2=0.97)$、$\delta D=7.40\delta^{18}O+5.49(R^2=0.94)$ 和 $\delta D=6.24\delta^{18}O-4.76(R^2=0.90)$。从山区到绿洲再到荒漠，LMWL 的斜率和截距逐渐减小，两者均小于全球大气水线(GMWL)的斜率和截距(图 4-3)。造成这一现象的原因在于研究区位于半干旱区，在雨水下降的过程中经历了一定程度的二次蒸发，雨水中重同位素富集。

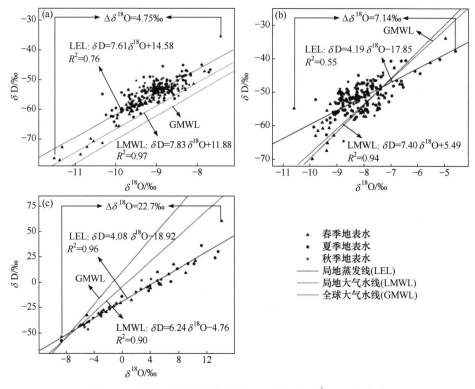

图 4-3　石羊河流域地表水样品局地大气水线和局地蒸发线
(a) 山区；(b) 绿洲；(c) 荒漠

在山区，局地蒸发线(LEL)的斜率与 LMWL 的斜率相当接近，$\delta^{18}O$ 和 δD 几乎分散在 LMWL 上方(图 4-3)，说明地表水主要由降水补给。相反，荒漠地表水样品稳定同位素值几乎低于 LMWL(图 4-3)，这与山区和荒漠的水分来源和蒸发量有关。

蒸发损失随季节和生态系统的变化而变化(图 4-4)。从时间的角度来看，山区和绿洲的蒸发损失均为夏季最高，春季最低。最高蒸发损失(73.47%)发生在秋季荒漠地区，最低蒸发损失(10.32%)发生在春季山区，说明荒漠地区蒸发严重，造成了大部分地表水损失。从年际变化角度看，山区(24.82%)、绿洲(32.19%)和荒漠(70.98%)蒸发损失差异较大；从季节变化角度看，春季(40.11%)、夏季(44.79%)和秋季(42.82%)差异不大。由于干旱区温度较高和相对湿度较低，其土壤蒸发损失远高于湿润地区。

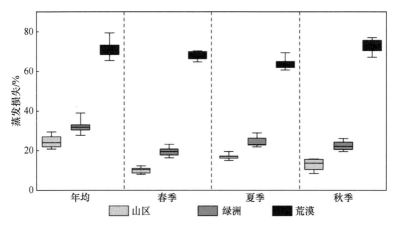

图 4-4　不同季节山区、绿洲和荒漠地表水蒸发损失变化情况

与 2017 年 8 月和 2019 年 8 月相比，2018 年 8 月蒸发损失出现了一个峰值(图 4-5)。结合温度和空气湿度，发现 2018 年 8 月的降水量相对较大，空气湿度相对较高。此外，2019 年 6~10 月的蒸发损失差异很小，这也是温度和湿度共同影响的结果。

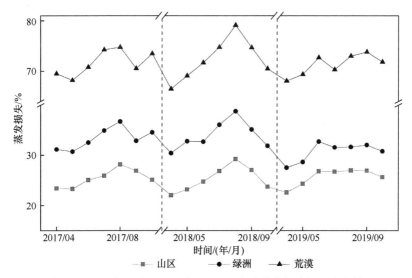

图 4-5　2017 年 4 月～2019 年 10 月地表水蒸发损失的月变化情况

基于 $\delta^{18}O$ 进行估算，各采样点的蒸发损失为 1.08%～30.70%。基于 δD 估算，蒸发损失为 2.15%～35.64%(表 4-2)。根据估算的蒸发损失，可以发现是随着石羊河的流量增加而逐渐增加的。在绿洲 2 中只有一个异常值，与在 O3 和 O4 采样点之间发现的同位素异常值一样，这主要是由跨流域的水转移引起的。由于黄河输水流入对石羊河流域的影响，该段蒸发损失的估算结果可能会有偏差，估算的蒸发损失低于邻近的上游段绿洲 1。此外，西营水库、红崖山水库等大型开阔水域的蒸发损失明显增加。在石羊河流域的中上游，蒸发损失对失水量的影响有限，而荒漠地区青土湖的蒸发损失占红崖山水库排放水量的 33.17%。由于天气炎热，环境极端干旱，青土湖蒸发损失大。基于式(1-22)、山区河流(含山区 1、山区 2)蒸发损失约为 1.77%，绿洲河流(含绿洲 1、绿洲 2)蒸发损失约为 5.75%，石羊河流域河湖水连续体总蒸发损失约为 8.46%，是水资源已经稀缺的石羊河流域的重要损失。

表 4-2　石羊河各采样点基于稳定同位素值估算的蒸发损失

采样点	基于 $\delta^{18}O$ 蒸发损失/%	基于 δD 蒸发损失/%	蒸发损失平均值/%
山区 1	1.08	2.55	1.82
山区 2	1.30	2.15	1.73
西营水库	2.41	3.49	2.95
绿洲 1	1.76	10.31	6.03
绿洲 2	1.45	9.50	5.48
红崖山水库	4.89	10.08	7.49
荒漠(青土湖)	30.70	35.64	33.17
石羊河流域	10.74	16.79	13.76

温度和空气湿度是控制地表水蒸发损失的两个主要因素。研究发现，地表水的蒸发损失随着温度和空气湿度的增加而增加。从山区到绿洲再到荒漠，海拔从3650m 下降到 1420m 再下降到 1310m。同一纬度下，海拔越低，温度越高。根据2017 年 4 月～2019 年 10 月石羊河流域的长期监测结果，山区日平均气温高于 0℃的天数为 234d，绿洲为 278d，荒漠为 280d。山区的年平均气温为 5.82℃，绿洲为 7.23℃，荒漠为 12.77℃。山区的年平均空气相对湿度为 54.85%，绿洲为 45.21%，荒漠为 41.86%。计算得到山区蒸发损失为 24.82%，绿洲为 32.10%，荒漠为 71.59%，说明温度和空气湿度对石羊河流域的蒸发损失有较大的影响。

除气象因素外，蒸发损失还受到人类活动的强烈影响，包括修建水库和灌溉。Rezazadeh 等(2020)研究发现，水库的表面积和深度是控制蒸发损失的主要因素。20 世纪 50 年代以来，为了更多地利用水资源，人们在上游灌区共建设了 13 个中小水库，总库容为 9000 万 m³。水面积增加导致石羊河流域的年蒸发量增加。在干旱和半干旱区，农业是最耗水的领域。石羊河流域从 20 世纪 80 年代至 2007 年，灌溉面积增长了 30%，灌溉用水占农业、工业、生活用水总量的 94.7%。研究区域的主要灌溉方法是引洪灌溉，这有一定的弊端，会导致大量的水损失。

3. 不同补给源对地表水同位素的影响

1) 不同补给源对地表水稳定同位素的影响概述

流域径流的来源和动态变化是水资源管理中的一个基本问题。世界各地的山区径流为下游提供生态系统服务，特别是在依赖山区径流满足其用水需求的干旱区。我国西部的干旱区，如石羊河流域(河西走廊三大内陆河流域之一)，是维持绿洲水文过程和水资源的重要地区。径流是在气候、地质、土壤、土地覆盖和人类活动等共同作用下形成的，因此水文系统在时间和空间上变化很大。由于土壤、地形、植被和地质条件的许多组合形成了不同的径流形成机制，尚未完全了解来自汇水区的径流过程，有必要对干旱区流域尺度上的水文功能和过程进行深入的分析。

流域内径流的产生和动态变化是水资源管理中的基本问题。为了研究这些问题，研究人员试图利用水文图分离技术来确定世界上许多不同环境条件下集水区的径流组成和水文过程。景观是控制水文图分离的一个关键特征。径流路径、径流产生和汇流过程、水过境时间的时空变化，使得揭示河流水文响应动态变得非常复杂。空间变异性和景观特征对集水区径流的影响涉及复杂、多尺度动态过程，且多个过程同时运行，因此其仍未被完全了解。几乎所有的径流研究涉及水同位素组成的时间变异性。在小流域研究中，很少有人研究空间变化下水同位素组成的差异，并评估不同景观区域的空间变化如何影响径流补给源。干旱区径流变化机制的研究将盆地作为具有时空同质性的单位，未考虑特殊变化对径流产生和变化的影响。在垂直分区分化的影响下，不同景观区径流的补给来源和影响机制也有显著变化。

2) 不同补给源对地表水稳定同位素影响的实证研究

利用径流补给源的同位素值，分析西营河径流补给源同位素值的空间变化。西营河不同地区不同径流补给源的同位素值有所不同。在上游地区，河水 $\delta^{18}O$ 的变化范围为 $-12.56‰\sim-7.18‰$，平均值为 $-8.05‰$；降水 $\delta^{18}O$ 的变化范围为 $-31.49‰\sim14.78‰$，平均值为 $-12.04‰$；地下水 $\delta^{18}O$ 的变化范围为 $-9.78‰\sim 8.16‰$，平均值为 $-8.65‰$；融水 $\delta^{18}O$ 的变化范围为 $-21.72‰\sim9.23‰$，平均值为

−16.46‰。在中游地区，河水 $\delta^{18}O$ 的变化范围为−12.18‰～−5.72‰，平均值为−8.09‰；降水 $\delta^{18}O$ 的变化范围为−28.07‰～2.24‰，平均值为−8.45‰；地下水 $\delta^{18}O$ 的变化范围为−9.88‰～−7.76‰，平均值为−7.98‰。在下游区域，河水 $\delta^{18}O$ 的变化范围为−10.7‰～−7.43‰，平均值为−8.40‰；降水 $\delta^{18}O$ 的变化范围为−26.96‰～4.38‰，平均值为−7.76‰；地下水 $\delta^{18}O$ 的变化范围为−9.50‰～−8.32‰，平均值为−8.7‰。各径流补给源的 ^{18}O 在上游地区最为贫化，其次是中游地区，在下游地区最为富集。

使用 EMMA 模型来估计每个补给源对径流的具体贡献率。结果表明，在上游地区(海拔 3500m 以上)，地下水、降水和融水对径流的贡献率分别为47.92%、22.76%和29.32%(表 4-3)。在该流域中游地区(海拔 2500～3500m)，地下水、降水和上游河水对径流的贡献率分别为37.28%、16.57%和46.15%。在下游地区(海拔 2500m 以下)，地下水、降水和中游河水对径流的贡献率分别为54.17%、5.20%和40.63%。一般来说，地下水对径流的贡献率超过35%，这是最大的径流补给源。降水对径流的贡献率始终小于20%，且为最低水平。

表 4-3　西营河流域不同区域补给源对径流的贡献率

区域	方法	地下水贡献率/%	融水贡献率/%	降水贡献率/%	上游河水贡献率/%	中游河水贡献率/%
上游	EMMA	47.92	29.32	22.76	—	—
中游	EMMA	37.28	—	16.57	46.15	—
下游	EMMA	54.17	—	5.20	—	40.63

选取 2018～2019 年不同季节的 8 个降水-径流事件，对西营河流域不同景观区的径流组成进行分析。对于所有降水径流事件，使用质量平衡法估算了事件前水对总径流的贡献率。8 个事件的总降水量为 1.5～54.1mm(图 4-6 和表 4-4)。事件持续时间为 1～4d。在不同的景观区域上，上游地区的事件前水贡献率最高，为 63%～88%，其中事件 1 和事件 5 的事件前水贡献率最低(分别为 68%和 63%)，事件 4 和事件 8 的事件前水贡献率最高(分别为 88%和 80%)。中游地区的事件前水贡献率为 54%～81%，其中事件 2 的事件前水贡献率最低(54%)，事件 4 的事件前水贡献率最高(81%)。下游地区的事件前水贡献率为 48%～67%，其中事件 6 的事件前水贡献率最低(48%)，事件 4 的事件前水贡献率最高(67%)。上游地区春季事件前水贡献率较低(事件 1 和事件 5)，中游地区在夏季和秋季事件前水贡献率较低(事件 2 和事件 7)，下游地区夏季事件前水贡献率最低(事件 2 和事件 6)。

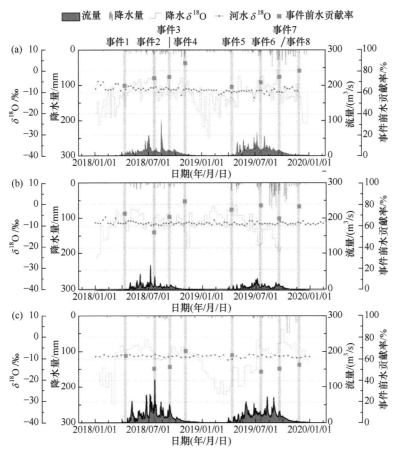

图 4-6 三个不同区域双组分同位素水文分离的事件前水贡献率

(a) 上游地区；(b) 中游地区；(c) 下游地区

表 4-4 8 个选定的降水-径流事件的基本信息

事件	降水量/mm	持续时间	事件前水贡献率/%		
			上游	中游	下游
1	5.5～13.2	2018 年 4 月 19～22 日	68	71	61
2	1.5～17.3	2018 年 7 月 18～19 日	74	54	51
3	1.0～18.4	2018 年 9 月 22～23 日	76	69	52
4	4.8～7.6	2018 年 11 月 15～16 日	88	81	67
5	8.6～42.1	2019 年 4 月 28～5 月 1 日	63	76	62
6	3.7～17.7	2019 年 7 月 22～23 日	70	79	48
7	6.8～54.1	2019 年 9 月 19～23 日	76	67	51
8	1.2～7.9	2019 年 11 月 10～11 日	80	78	54

3) 径流补给源空间变化的影响机制

降水和河水中氢氧稳定同位素组成的空间变化是径流补给源空间变化的直接原因。流域内的空间变化不仅通过单一因素对径流产生影响，还通过不同海拔环境、蒸散过程和气象条件对径流产生影响(Toride et al.，2021)。研究表明，降水稳定同位素组成与海拔、温度和降水量之间存在显著的相关性(Hu et al.，2020；Fan et al.，2015)。即使在一个单一的降水-径流事件中，降水 $\delta^{18}O$ 的空间变异性也可能非常显著。为了研究水同位素值空间变化的影响机制，计算降水与河水同位素值的皮尔逊相关系数，检验不同径流补给源同位素值的变化特征是否与海拔相关。结果表明，降水的 $\delta^{18}O$ 与海拔呈显著负相关($r=-0.458$，$P<0.05$)，河水的 $\delta^{18}O$ 也与海拔呈显著负相关($r=-0.428$，$P<0.01$)(图 4-7)。这与报道的海拔效应相似，世界不同地区的降水同位素值随着海拔的增加而降低(Wheeler et al.，2020)。因此，降水和河水稳定同位素值的空间变异性对于估算不同补给源对径流的贡献率具有重要意义。

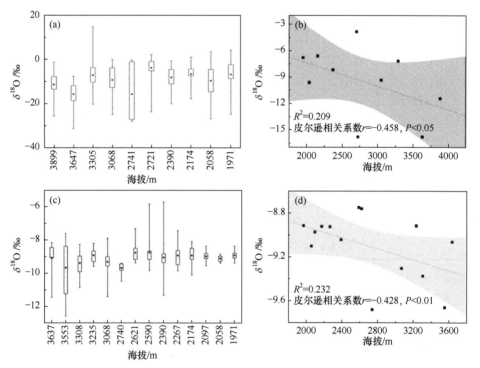

图 4-7　西营河流域降水和河水的 $\delta^{18}O$ 与海拔的相关性
(a)(b)降水；(c)(d)河水

整个流域不同的蒸发过程使河水稳定同位素发生蒸发分馏。一般来说，蒸发量越大，河水稳定同位素就越富集(Sang et al.，2023)。除了不同径流补给源同位素值的海拔效应外，上游到下游的同位素蒸发效应也引起了径流补给源同位素值的空间变化。结果表明，由河水稳定同位素值拟合的河水局地蒸发线(LEL)在下游地区最低(斜率为 6.04)，在中游地区最高(斜率为 6.91)(图 4-8)。这说明河水在下游地区蒸发量最大；中游地区植被茂密，植被蒸腾作用强，河水蒸发量最小；西营河流域上游地区植被稀疏，主要是裸露的岩石和冰川，干燥的地面条件产生了相对较强的蒸发效应。

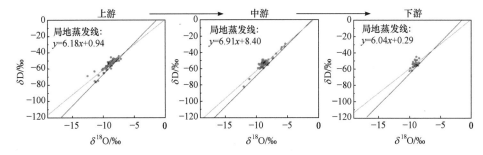

图 4-8　西营河流域不同地区河水局地蒸发线比较

空间变异性产生的气象因素变化也会使径流同位素组成发生变化，气象因素主要通过直接影响降水和融水等径流补给源影响径流同位素组成。西营河流域海拔高差较大(>2000m)，空间差异产生的不同气象条件，使不同径流补给源同位素组成发生空间变化。总体而言，西营河流域降水 $\delta^{18}O$ 随气象条件而变化，降水 $\delta^{18}O$ 与流域内的气象因子显著相关(图 4-9)。降水 $\delta^{18}O$ 与降水量呈显著负相关 [图 4.10(c)、(f)和(i)]，说明降水量越大，降水 ^{18}O 越贫化。降水 $\delta^{18}O$ 与温度呈显著正相关[图 4.10(a)、(d)和(g)]，说明温度越低，降水 $\delta^{18}O$ 越低。此外，降水 $\delta^{18}O$ 与相对湿度呈正相关[图 4.10(b)、(e)和(h)]，但差异不显著，说明相对湿度对降水 $\delta^{18}O$ 的影响不显著。

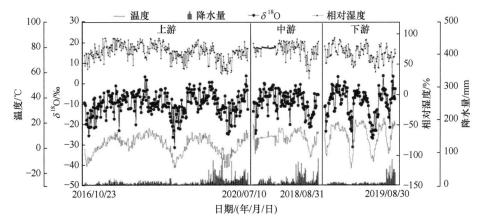

图 4-9　西营河流域不同地区河水 $\delta^{18}O$ 随气象因子的变化情况

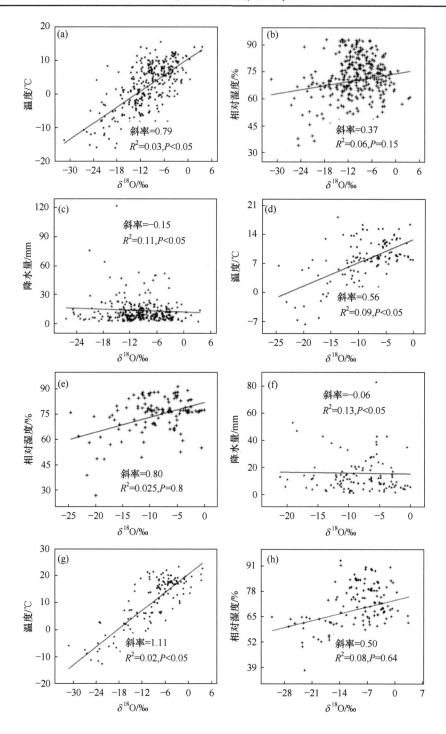

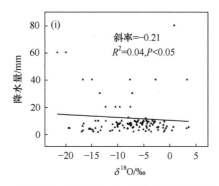

图 4-10　降水 $\delta^{18}O$ 与温度、相对湿度和降水量的相关性

(a)~(c)上游地区；(d)~(f)中游地区；(g)~(i)下游区域

4) 提高空间分辨率对径流分割的影响

径流分割的不确定性主要来自测量方法、数据收集和分析造成的不确定性，以及示踪剂浓度的时空变化及采样人员的知识储备(Zhu et al., 2019)。示踪剂浓度的时空变异性引起的不确定性往往是最大的。为了检验基于盆地空间变异性将径流源划分为不同区域的可行性，比较考虑空间变异性影响下(情景 1)和不考虑空间变异性影响下(情景 2)径流分割的不确定性(图 4-11)。

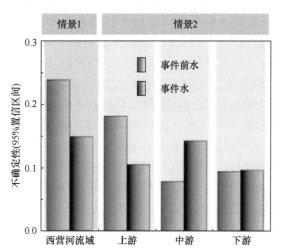

图 4-11　不同空间分辨率情景下径流分割不确定性比较

研究该流域的空间变异性需要一个高采样频率的观测系统。建立的不确定性情景 1 只考虑了观测系统在 2018 年之前没有提高观测密度的情况，空间分辨率为每 150km 一个河流采样点，相应的降水和地下水观测点分别放置在距离河流采样点不超过 10km 处。情景 2 的空间分辨率提高到 50km。比较两种空间分辨率下的不确定性，结果表明，与情景 1 相比，情景 2 下事件前水中示

踪剂浓度时空变化产生水文分离,不确定性降低了69%。在情景2中,事件水造成的不确定性仍然很低(可降低35%)。盆地内的空间变异性导致水同位素组成的空间变化,在不确定性分析中应充分考虑示踪剂的空间变异性,以加强结论的实用性。

4. 地表水过境时间对干旱区地表水同位素的影响

1) 地表水过境时间对地表水同位素的影响概述

水中的氢和氧稳定同位素作为环境的有效示踪剂,通过与盆地气候和水文特性耦合,可以识别径流源和水文流动路径,并解释盆地水文过程的时空变化。水的过境时间通常用过境时间(TTD)和平均过境时间(MTT)等描述(Kirchner, 2016)。年轻水分数 F_{yw} 和平均过境时间(MTT)是描述流域水文功能的基本指标,为指导区域水资源管理提供了重要的基础(Keller et al., 2021)。集水区特征深刻地影响着 F_{yw} 的变化。有研究指出,流域的自然特征,如植被覆盖面积和流域面积等,对 F_{yw} 有显著影响。

在区域或全球范围内,能否可持续发展往往取决于是否采取了有效的水资源管理措施(Deemer et al., 2016)。过去大多数研究致力于利用水的过境时间来揭示流域尺度的水文过程、功能和流域水文系统对环境变量的敏感性(Hare et al., 2021),这对于提高流域水资源管理的效率是非常重要的。水文过境时间作为流域水循环的重要组成部分,可以揭示水体更新的时间尺度(Ceperley et al., 2020),它不仅反映了研究流域内水体在输入(降水)和输出(径流)之间的变化,而且还可以评估人为干预对流域水文自然过程的影响。由于水文机制复杂,观测条件不足,关于干旱区水文过境时间的研究尚不完善(Encalada et al., 2019)。因此,有必要系统总结干旱区水文过境时间及其环境影响因素,以提高对影响流域水文响应和过境时间主要因素的认识。

有许多因素影响盆地内的水文过境时间。在季节性寒冷气候的高海拔地区,冬季降水以雪的形式暂时储存,从而导致水的运输时间延长;较潮湿的流域往往有较大的 F_{yw};除自然因素外,水利工程对过境时间也有深刻影响(Zhu et al., 2021a, 2021b)。

2) 地表水过境时间对地表水同位素影响的实证研究

采用日降水量和河水 $\delta^{18}O$ 估算石羊河流域的流量,进行多元线性回归分析,使用正弦曲线拟合降水和河水的 $\delta^{18}O$ 时间序列,并计算正弦曲线的振幅(图 4-12)。降水和河水的正弦回归模型具有统计学意义($P<0.001$)。石羊河流域及其子流域的 F_{yw} 范围为 $2.3\%\sim3.2\%$,其中冰沟河的 F_{yw} 较大,约为 3.1%,西营河的 F_{yw} 较小,约为 2.3%(表 4-5)。这主要与不同子流域的水文过程不同有关,一般来说,流域内相对较老的地下水是石羊河流域径流的主要来源。将计算结果与全

球流域的 F_{yw} 进行比较，发现全球平均水平为 26%，石羊河流域(2.4%)远低于该值，这与该流域的极端干旱气候条件有关。实测数据表明，石羊河流域的年平均降水量为 179.92mm，全球大陆年平均降水量为 834mm。石羊河流域及其子流域的平均过境时间从 6.55a(全流域)到 9.29a(西营河流域)不等(表 4-5)。石羊河流域的气温变化也表明石羊河流域及其子流域的水文性质存在一定的差异。进一步对世界上 88 个流域进行了调查，发现石羊河流域的水过境时间超过 90%的研究流域，说明石羊河流域的水过境时间较长。

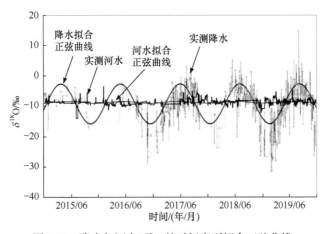

图 4-12 降水与河水 $\delta^{18}O$ 的时间序列拟合正弦曲线

表 4-5 石羊河流域的估算振幅、年轻水分数(F_{yw})和平均过境时间(MTT)

流域	振幅/‰	振幅/‰ (95%置信区间)	F_{yw}/%	F_{yw}/% (95%置信区间)	MTT/a	纳什效率系数
石羊河流域	7.247(降水)	7.141～7.343(降水)	2.4	0.021～0.358	6.55	—
石羊河流域	0.175(河水)	0.171～0.182(河水)	2.4	0.021～0.358	6.55	0.38
西营河流域	0.169	0.036～0.322	2.3	0.014～0.274	9.29	0.54
冰沟河流域	0.193	0.189～0.425	3.1	0.025～0.097	7.31	0.22

对石羊河流域及其子流域的累积过境时间进行分析，发现各流域的累积过境时间分布形态存在差异(图 4-13)，表明流域特征之间复杂的相互作用产生水文异质性。在 200d 内，进入西营河流域出水口的降水输入比例最高，冰沟河流域则最低。这是因为在输送快速流动的水(输送时间短的水)后，剩余的水通过集水区输送较慢，TTD 呈现长尾分布。

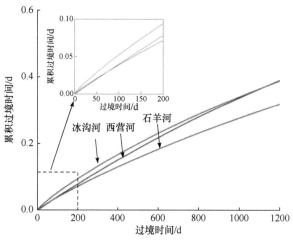

图 4-13 各流域的过境时间分布

许多全球研究表明,人类建设和运营的水工程设施对大陆水循环有重大影响。与自由流动的河流相比,受水坝影响的河流蒸发损失更大,特别是在干旱和半干旱区。为了研究大坝对流域水过境时间的影响机制,分析河水和降水的稳定同位素季节性振幅。石羊河流域是典型的干旱内陆河流域,该地区生产生活活动密集,水资源需求较大。因此,已经修建了许多大坝来调节径流,平衡水资源的分配和利用,在梯级水坝的逐步拦截作用下形成了累积效应,这种累积效应使氢氧同位素从河流上游到中游逐渐蒸发和富集(图 4-14)。在中游城市景观坝的影响下,水体中稳定的氢氧同位素更加丰富。同样,在下游平原水库的影响下,河水表现出较强的蒸发和富集效应(图 4-14)。

人工拦截的径流过境时间可能会有相当大的延迟,产生一系列局部和下游水系的变化(Getirana et al., 2017)。对几条大河的河口进行研究,结果表明,水库造成的大陆径流更新时间已被延迟 3 个月。在一条自由流动的河流中,大陆径流的平均过境时间可能在 16~26d。相比之下,236 个大型水库河口的径流平均过境时间上

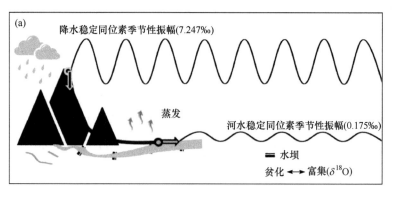

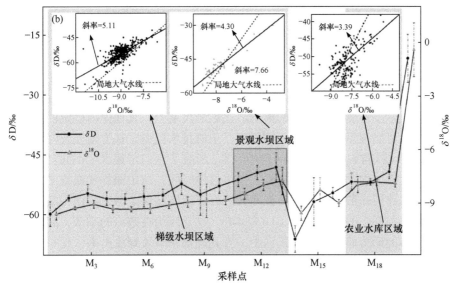

图 4-14　大坝截取的河流水文特征概念模型

(a) 大坝影响下河水同位素季节性振幅变化；(b) 大坝影响下河流水文特性的变化

升了近 60d。当河水经过大坝调节的流域后，到达流域出口的时间将大大延长。在河流大坝的人为干扰下，河水不断被堵塞，发生较强的同位素蒸发和富集。这种蒸发富集现象将产生同位素蒸发分馏效应，在此期间，重同位素被分馏，轻同位素继续流向下游(Gibson et al.，2017)。结果表明，降水稳定同位素季节性振幅的变异性减弱，河水稳定同位素季节性振幅减小，河水相对于降水稳定同位素的季节周期发生阻尼和相移。石羊河流域降水稳定同位素的季节性振幅为 7.247‰。在大坝和蒸发分馏效应的影响下，到达流域出口的河水稳定同位素季节性振幅仅为 0.175‰[图 4-14(a)]。大坝引起的蒸发富集效应越强，阻尼和相移越大，水过境时间越长。

此外，利用河流水文数据的变化来佐证这一结论(图 4-15)。梯级水坝在蓄洪过程中起着重要的作用，在汛期减少了该流域的径流量。研究表明，小流域对水坝等

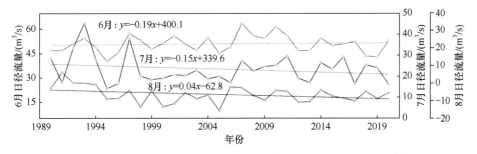

图 4-15　1990～2020 年石羊河流域高峰汛期(6～8 月)日径流量的变化

人类活动的响应更为敏感。图 4-15 为 1990～2020 年石羊河流域高峰汛期(6～8 月)日径流量变化。1990～2020 年，石羊河流域日径流量在 6 月、7 月呈逐年下降趋势，主要是因为梯级水电站等水利工程截留河水，降低了河流量。水利工程使水文自然性质受到强烈影响，梯级水电站通过改变流域水文循环的联系，延长了水的过境时间。

F_{yw} 作为可靠的水文过境时间指标，可准确识别河流中年轻水分所占的比例，在空间异质性下不受聚集误差的影响。在区域尺度上，其他先前确定的控制河水年龄的因素可能很重要，如坡面倾斜度、土壤排水类型、基岩地质及降水季节性等。为了探讨影响 F_{yw} 和 MTT 的自然因素，考察了它们与集水区不同自然特征之间的关系。流域内冰川面积增加延长了水过境时间，冰川面积和海拔之间有直接关系，现代冰川一般发育在高海拔地区。石羊河流域 F_{yw} 与冰川面积之间存在显著的负相关关系(r=-0.35，P<0.01)(表 4-6)。这是因为在寒冷的季节，高海拔地区的水以固体的形式储存在冰川或雪中，直到融水季节才释放出来，延长了降水转化为河水所需的时间，流域的过境时间较长(图 4-16)。此外，流域面积与 F_{yw} 呈显著负相关关系(r=-0.32，P<0.01)。较大面积的集水区延长了模型降水输入转换为河水输出的时间，较大流域的水过境时间较长，而较小流域的水过境时间较短(图 4-17)。MTT 与流域面积之间的正相关关系也证实了这一点。

表 4-6 流域特征与 F_{yw} 和 MTT 的皮尔逊相关系数

集水特征	与 F_{yw} 的皮尔逊相关系数	与 MTT 的皮尔逊相关系数
流域面积	-0.32**	—
冰川面积	-0.35**	—
植被覆盖度	0.65	—
坡度	-0.45	0.54

注：**表示极显著。

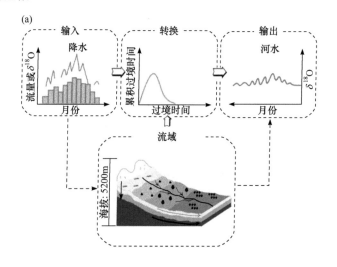

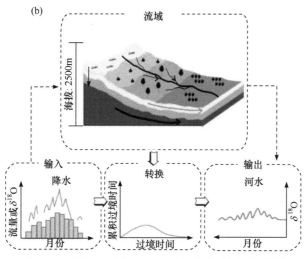

图 4-16 石羊河流域不同海拔的过境时间概念模型

(a) 海拔差异达 5200m 的过境时间；(b) 盆地内高差 2500m 的过境时间

坡度是影响流域水过境时间的另一个主要因素。先前的全球研究发现，F_{yw} 与平均集水区坡度成反比，这意味着平原上的河流可能比山区的河流有更多的年轻水。相比之下，在更陡峭的地形中，年轻水减少，表明越陡峭的地形下垂直渗透越深，而不是发生较浅层的横向流动。对石羊河流域的坡度进行分析，得出坡度与 MTT 呈正相关，与 F_{yw} 呈负相关，但未通过显著性检验(表 4-6)，这是因为盆地内相对复杂的水文过程和响应机制干扰了坡度和 F_{yw} 之间的直接关系。此外，该流域的植被覆盖度与 F_{yw} 呈正相关，也未通过显著性检验(表 4-6)，这是因为干旱区内陆河流域的植被覆盖度普遍较低，F_{yw} 的变化基本不受植被覆盖度变化的影响。

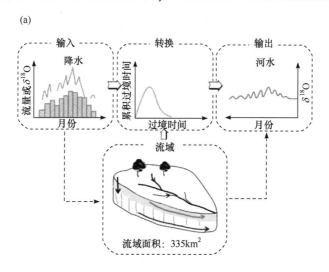

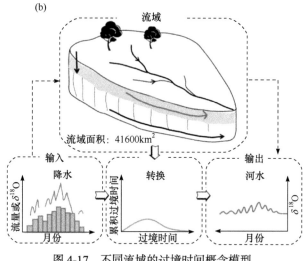

图 4-17　不同流域的过境时间概念模型
(a) 冰沟河流域；(b) 石羊河流域

4.1.3　对水资源管理的启示

　　水是干旱区最宝贵的自然资源之一，石羊河流域所在的西北地区是我国最缺水的地区之一。在过去的几十年里，全球变暖加速了冰川的融化，虽然一定程度上增加了石羊河的流量，但也导致蒸发量的增加。20 世纪 50 年代以来，区域气候趋向干旱，导致石羊河上游祁连山东段产水量减少，增加了水资源的不确定性。2000 年以来，径流量呈波动上升趋势(Zhu et al.，2021a)。

　　研究石羊河流域蒸发损失的关键目标是提供合理的水资源管理策略。据估计，2017～2019 年石羊河流域的年蒸发损失为 42.16%，对于水资源已经匮乏的干旱区来说，无疑是一个巨大的损失。此外，在过去几十年里，研究区的自然生态过程和水文循环深受人类活动的影响，包括但不限于灌溉用地扩张和人口快速增长，导致石羊河流域中游需水量增加，进而导致水资源投入和产出不平衡。

　　量化石羊河流域的水平衡为了解干旱和半干旱区的水文过程提供了重要的见解。石羊河流域降水量不足，但农业高度发达，农业用水主要来自抽取地下水和截留河水。为了拦截来水，人们在石羊河流域修建了一系列中小型水库。毫无疑问，水库的建设增加了蓄水面积，也增加了下游蒸发造成的水分损失，这与研究得到的蒸发损失估计一致。西营水库和红崖山水库的蒸发损失相对较大，分别为 2.95% 和 7.49%。对于干旱和半干旱区，如何减少不必要的水资源浪费是水资源可持续发展的重要组成部分，从而为水资源管理部门提供管理依据，应对此进行相关的研究，探讨如何减少水库建设造成的大量水分蒸发。

　　以往对蒸发损失的研究主要集中在湖泊、水库等大型开阔水体上，而对自然河流的关注较少，该方面的研究结果对世界其他地区的区域水循环研究具有潜在的应用价值。每个河流水系都有自己独特的特点，研究时抽样设计应符合其特点，并尽可能考虑所有的影响因素。例如，降水对河水的影响在潮湿区比在干旱区更大，在估算蒸发损失时应充分考虑潮湿区降水的影响。对于长距离的河流，需要适当地加密采样。如果有重要的支河流入，还应采集该支流的样本。此外，采用长期观测使结果更加可靠和令人信服。

4.2　干旱区地下水

4.2.1　干旱区地下水稳定同位素研究概述

20 世纪 60 年代以来，研究者利用同位素(^{18}O、H、D、$^4C^3Cl$、$^8Sr/^{18}Sr$ 等)技术在世界范围内广泛开展了地下水调查(Meredith et al.，2009)，并结合温度(包括古温度)、水地球化学(离子比和演化特征)、稀有气体等因素，取得了许多突破性的成果。氢氧稳定同位素可以提供水分子本身的信息，结合水位、水化学等相关数据，得到更可靠的区域地下水流动概念模型，以实现有效的地下水资源管理，因此稳定同位素广泛用于地下水资源调查。国际原子能机构(IAEA)定期举行同位素水文学会议。在干旱区，同位素的实践应用是帮助评估地下水补给、地下水来源及地下水滞留时间等。

20 世纪 60 年代环境同位素方法开始发展，提供了一个有效的手段来研究大气降水、地表水和地下水之间的相互转换关系，适用于研究全球、区域和局地水文系统(Xu et al.，2013)。在干旱和半干旱区，不同水体之间的相互转换是复杂的，同位素方法在"三水"(降水、地表水、地下水)转化关系复杂的干旱和半干旱区较为实用(Ziv et al.，2012)。同位素在地下水研究中的主要应用包括：①确定地表水和地下水的补给源及其比例；②通过确定水体的同位素年龄来追踪地下水的运动，评价水体的可再生性。

用同位素研究地下水运移是从传统水化学方法上演化而来的，传统水化学方法根据水中溶解的盐类化合物分析地下水与地表水之间的相互转变过程(Belletti et al.，2020)。随着同位素技术的发展，同位素示踪法在探明不同区域地下水来源、补给区海拔、各类补给源的组成大小及地下水年龄等方面已经得到广泛应用。地下水起源于降水及地下径流循环过程，可利用大气降水稳定同位素的地理效应或同位素组成的近似度来判别地下水的来源(Poff et al.，2007)。未与其他水源混合的地下水，其同位素组成能直观反映补给源的同位素特点，表现为地下水与补给水源相近，还与其有相同或相似的变化规律。尤其在湿润地区，地下水同位素组成与地区多年大气降水的雨量加权平均同位素组成相近，当降水形成地表和地下径流时，这种现象会更加突出。

计算地下水年龄有利于阐明地下水运移机理，为合理开发干旱区地下水资源提供科学参考。依据稳定同位素的季节性变化率估算地下水年龄，放射性同位素则是根据其半衰期确定地下水年龄。氚(T)和碳-14(^{14}C)是两种最常用的测年同位素。T 具有较短的半衰期，用来测定年龄较小的地下水；^{14}C 拥有较长的半衰期，用来测定古地下水年龄。放射性同位素氚(T)在地下水测年领域具有很大的应用潜力。20 世纪 60 年代，人类进行了大量核实验，造成大气中的 T 含量在 1963 年达到峰值，这给利用 T 测定地下水年龄提供了重要参考。由于水-岩相互作用，T 一般可以忽略，因此当地下水中检测到较高 T 时，揭示地下水受到过近代水补给(不低于 30TU，说明该处水源在 1960 年受到补给)。McGuire 等(2006)计算了加拿大某垃圾填埋场浅层地下水对承压地下水的补给速率，发现在一些渗漏缓慢或者非饱和带较厚的含水层中，T 含量的峰值仍旧保留在地下剖面中，由此可以确定地下水的平均滞留时间。

以上测年方法具有一定限制条件，前提是补给来源的 T 已知，且计算对象中的 T 只是衰变后的残余值，没有受到其他水体 T 的混合干扰。除此之外，降水中的 T 存在显著的季节性和年际变化，使 T 的输入非常复杂。因此，国外学者采用指数活塞流量模型，结合 T 研究地下水平均滞留时间及地下水运动状态。

1. 确定不同水体之间的转化关系

根据统计学方法，可以分析不同来源样品同位素组成模式的异同，以确定水体之间的水力联系，这也是用同位素水文学方法确定水体间转换关系的基本原理(Mulligan et al.，2020)。稳定同位素通常不随时间变化，并且可以很好地保持自身特性，因此是最常用的同位素。稳定同位素 D、^{18}O 是水的直接组分，化学性质稳定，可以表征水体的循环过程。因此，D、^{18}O 成为研究大气降水、地下水和地表水之间转化关系的最理想、最常用的示踪剂(Phillips et al.，2001)。大气降水中 δD 和 $\delta^{18}O$ 呈明显的线性关系。地表水和地下水富含重同位素，二者也呈线性相关，接近大气降水的平均同位素组成。大气降水的同位素组成因区域和时间不同而变化很大，这使地下水和地表水的同位素组成不同，可用于确定地下水和地表水的来源及其比例。大气降水的 δD 和 $\delta^{18}O$ 因降水量效应和季节效应等因素而变化较大，接受其补给的地下水和地表水也会表现出时空波动。当样品数量较少或采样时间变化较大时，可能导致水体的同位素组成缺乏代表性。由于对水文地质条件的认识不足，同位素数据本身可能会偏离正确结果，甚至会产生错误的结果。因此，只有加强对水文地质基础知识的了解，才能从根本上避免产生错误的结果(Skrzypek et al.，2015)。不同年龄和空间位置的含水介质具有不同的岩性和矿物组成，这可能使溶解成分进入水中的同位素组成特征显著不同。通过比较水体间同位素组成的异同，可以帮助识别其补给源，并采用混合端元法计算各补给源的比例。利用水体稳定同位素组成的差异可以很好地区分水体来源，但当不同水体的同位素组成一致时，该方法便不再适用。

2. 地下水同位素年龄的测定

一般认为地下水的年龄是补给水通过土壤带进入含水层后的保留时间。地下水年龄是水循环研究的重要因素，是定量评价地下水环流率和可再生能力的重要指标之一，对正确了解地下水资源性质具有重要意义。目前，地下水年龄测定常用的同位素为放射性同位素氚等。

氚法是目前最常用的确定年轻地下水年龄的同位素方法(Moeck et al., 2021)。普遍缺乏监测数据和可靠的模型给在我国陆地进行氚年代测定增加了难度。后来，氚法的应用受到世界范围内禁止核爆炸实验的极大挑战，导致大气氚浓度急剧下降至其本底值(10TU)。将氚与其他同位素(如 He)结合，以确定年轻地下水的年龄。

1979 年，Thompson 等首次将氟氯烃(CFC)应用于美国不同地区，以确定地下水的年龄。此后，该方法逐渐得到推广，20 世纪 90 年代，使用 CFC-11 和 CFC-12 确定地下水表观年龄的相关研究广泛开展；2000 年左右，学者通过添加 CFC-113 来确定地下水的表观年龄。大量的理论和实证研究表明，影响地下水年龄的因素往往不止一个。CFC 与其他示踪剂(如氚)一样，已成为确定年轻地下水年龄的重要方法。

CFC 及其比值在国外已广泛应用于确定地下水的年龄、不同水体的混合比及污染对地下水的影响，有许多应用实例。例如，Gonfiantini 等(1986)分析了美国佛罗里达含水层露头泉水的 CFC 和 H/He 年龄，并分析了造成差异的原因。CFC 的浓度受到多种因素的影响，包括温度、土壤吸附、生物降解和污染，其中一些因素可能导致水体年龄偏大甚至出现无效的结果。因此，采样过程中必须严格遵循科学采样原则，防止水柱中 CFC 浓度因长期接触大气或与空气混合而改变，同时应调查采样点附近的岩性、厚度、有机物含量等因素，以便合理解释数据。

^{14}C 方法确定地下水的年龄经过多年的发展，不断补充和改进，目前已经成熟。自地下水年龄 ^{14}C 测定理论提出以来，学者提出了各种校正模型，主要考虑了地下水中溶解无机碳的来源和理化反应的影响。研究人员从地下水输运过程中含水介质的水地球化学作用角度，将地球化学路径模型与同位素质量输运模型相结合，提出了一种更广泛的校正方法，在国内外取得了较好的应用效果。除上述方法外，学者也在积极探索使用其他同位素来确定地下水的年龄，并取得了一定成果，如 ^{36}Cl、^{81}Kr、^{35}S。对于 2 万年以上的古地下水，更常用 ^{36}Cl 方法。针对 50～1000 年前的亚现代地下水，部分学者采用 ^{39}Ar 与 ^{35}Si 进行年代

学分析。

同位素水文学方法对地区水循环的研究具有重要意义(Gibson et al., 2016)。同位素作为一种特殊的水化学成分,受多种因素的影响,定量分析的准确性有限,需要与区域地下水等时线和水文地质勘探相结合,才能得出更准确的结论。在未来的发展中,可以将更合适的同位素引入水循环研究中,建立和改进相应的定量模型,以提高确定水体来源的准确性。地下水动力学方法、水化学方法和同位素水文学方法都能在一定程度上揭示水循环的部分信息,为水循环研究提供依据(Tetzlaff et al., 2009)。鉴于各自理论基础与关注重点有所差异,不同方法揭示的水循环信息有一定区别。单一方法所得结论未必始终可靠,甚至在某些情况下可能得出相反结论。因此,只有在充分了解水文地质条件的基础上,才能准确解读同位素水文学方法得到的成果,进而全面认识地下水的迁移转化等。

由于同位素水文学方法能够解决广泛的水文地质问题,已被国内外水文地质学家广泛应用于干旱和半干旱区的水文地质研究(Pfahl et al., 2014)。主要研究领域包括:①利用环境同位素确定地下水的起源和形成条件;②确定地下水的年龄;③利用放射性同位素示踪技术研究地下水运动和水文地质作用机制;④利用人工放射性同位素和人工放射源确定水文地质参数。国内外水文地质学家利用同位素技术研究干旱和半干旱区地下水,特别是深层古地下水的成因和形成机制,确定古地下水补给源,描述地下水流动路径及其可能的渗透、混合和水岩相互作用。

4.2.2　干旱区地下水稳定同位素实证研究

1. 地下水中的氢、氧稳定同位素

艾比湖是新疆最大的咸水湖。艾比湖流域地下水稳定同位素值具有季节性差异,表现为5月最高,10月次之,8月最小。δD 的范围为–85.0‰~–65.5‰,平均值为–75.5‰;$\delta^{18}O$ 的范围为–12.18‰~–9.05‰,平均值为–11.00‰。

2. 干旱区内陆河流域的地下水滞留时间研究

1) 干旱区内陆河流域的地下水滞留时间研究概述

同位素示踪的方法通过观察进入水文系统的同位素示踪剂来获取有关系统的信息(Gibson et al., 2016; Jouzel et al., 1997)。可使用集中参数方法解释示踪数据。早期用于环境示踪剂定量研究的模型是相对简单的单参数模型,如活塞流模型或指数模型(Gibson et al., 2005)。20世纪60年代末,弥散模型和指数活塞流模型两个参数的二项分布模型得到了广泛应用,可较好地拟合实验结果。集中参数模型是解决许多实际问题的一种方法,但经常被研究人员忽

视。本章系统地介绍集中参数模型，并将其应用于额济纳盆地浅层地下水系统的研究，以揭示地下水系统特征。

根据系统工程理论，假设地下水系统中的同位素输运关系呈线性规则，并将地下水系统推广为集中参数的线性系统。在稳态流动条件下，当地下水系统的同位素输入函数已知时，输出函数可以表示为卷积形式。常用于寻找地下水年龄的同位素数学模型有活塞流模型(PFM)、指数流模型(EM)、指数活塞流模型(EPM)、色散模型(DM)、线性模型(LM)、线性-活塞流模型(LPM)。

黑河流域下游年降水量低(<50mm)且年内分布不均，气候干燥，沙漠分布广泛，土地盐渍化、荒漠化突出，区域生态环境脆弱，主要依靠浅层地下水资源的支撑。黑河流域中游人口快速增长和水资源不合理开发，使额济纳盆地生态环境恶化，严重威胁当地居民的生计和周边生态环境，引起了国内外的广泛关注。为了保护宝贵的地下水资源，实现地下水的可持续发展，了解地下水的平均滞留时间(MRT)对于浅层地下水是很重要的。基于额济纳的水文地质条件，以放射性氚(^{3}H)为示踪剂，采用指数活塞流模型(EPM)计算浅层地下水的年龄。

2) 干旱区内陆河流域地下水滞留时间实证研究

额济纳盆地南、西、北为低山，东为巴丹吉林沙漠，是河西走廊最大的山区内陆盆地。盆地地势低，地形平坦，海拔 895～1127m，最低点为盆地北部的西居延海，最高点为南部的狼心山。一般情况下，地面由南向北、由东向西倾斜，倾斜度为 1‰～3‰。该内陆河流域沿黑河干流向南北向扩散。

地下水年龄的计算方法：①将恢复的大气降水氚浓度作为地下水氚输入浓度；②得到 η 值(指数流量分数)和平均滞留时间 T；③根据不同年份额济纳盆地浅层地下水氚浓度，连续调整 η 值和平均滞留时间 T，使观测数据落在地下水氚浓度输出曲线上；④根据以往不同年份对额济纳盆地浅层地下水氚浓度的观测，不断调整 η 值和平均滞留时间 T，使观测值落在地下水氚浓度的输出曲线上。

使用放射性氚的记录含量和指数活塞流模型(EPM)，得到额济纳旗浅层地下水年龄为 58a；最年轻的地下水为鼎新—老西庙地区，年龄为 13a；额济纳旗地区的浅层地下水年龄为 22a；板滩井附近浅层地下水年龄为 20a。Zhang 等(2005)采用活塞流模型计算得到额济纳浅层地下水的年龄为 5～35a，这与本节确定的浅层地下水年龄一致。

4.3　干旱区地表水-地下水转换

4.3.1　干旱区地表水-地下水转换研究概述

常用的稳定同位素 D 和 ^{18}O 是自然界水分子的重要组成成分，具有一定的化学稳定性和普遍性。因此，与其他天然水化学示踪剂相比，D 和 ^{18}O 的示踪效果会更加理想，尤其是在探索地表水与地下水转化方面发挥着重要作用(Zhang et al.，2020)。评价干旱和半干旱区地表水与地下水转化关系时，首先需要解决的问题是在降水时空分布稀少的情况下，降水汇集成的地表水是否能够渗漏补给地下水，以及如何补给地下水。基于此问题，国外学者 Mathieu 和 Bariac(1996)对中非地区地下水、土壤水中同位素进行测试，发现土壤水中同位素因强烈蒸发而富集，而地下水不存在这种现象，其同位素值更接近当地降水，从而证实部分地下水来自当地降水，降水通过非饱和带中的孔隙快速补给地下水，很少混合富集同位素的土壤水补给地下水。

地表水和地下水是水文连续体的相关组成部分，引发了相关的可持续性问题。地下水和地表水不是水文系统的独立环节，而是在各种地形和气候景观中相互联系的环节(Morton，1979)，其中一个环节的发展变化或污染通常会影响到另一个环节。因此，有效的水资源管理需要了解地下水和地表水相互作用的基本原理。同位素示踪剂的衰减可以提供水过境时间的估算数据，通过更详细的时间序列分析可以定量评估水龄。许多溶质在流入土壤时经历了不同的反应和转变，这种转变和反应取决于特定的土壤环境，并可以提供通过矿质土壤和地下水流动路径时间的信息。因此，来自示踪剂的综合信息可以加强对流域内水文和生物地球化学过程的理解(Li et al.，2021；Wang et al.，2017)。

径流自出山口流入盆地时，在戈壁带大部分渗漏转为地下水，并渗溢至戈壁带前的河流。在人为干预下，河水发生分流，通过自然渗透对下游平原的地下水进行补给，最终以蒸发、植被生态消耗及湖泊储藏的方式消耗。由于干旱区水文地质条件的复杂性，补给过程及地下水与地表水的转化量仍不明了。张应华等(2005)采用稳定同位素质量守恒方程、质量平衡和水平衡方法估算溢流区，讨论了张掖峡谷段河流径流中地下水的比例和沿河道的地下水补给比例变化及其原因。陈宗宇等(2006)基于黑河与地下水的互变关系，应用平衡和同位素质量守恒方程进行河流平衡计算。

4.3.2　干旱区地表水-地下水转换实证研究

1. 水体之间的水力联系

本小节研究了石羊河上游子流域——西营河流域不同水体之间的水力联系。不同径流补给源 δ^{18}O 与 δD 之间的关系表明，局地大气水线从上游地区到下游地区的斜率逐渐减小[图 4-18(a)、(c)和(e)]，这表明盆地蒸发量随着海拔的降低而逐渐增加。河水线(RWL)的斜率小于 LMWL，说明水在降水向地表水转变过程中经历了一定程度的蒸发。RWL 的斜率在中游地区最大(斜率为 6.91)，下游地区最小

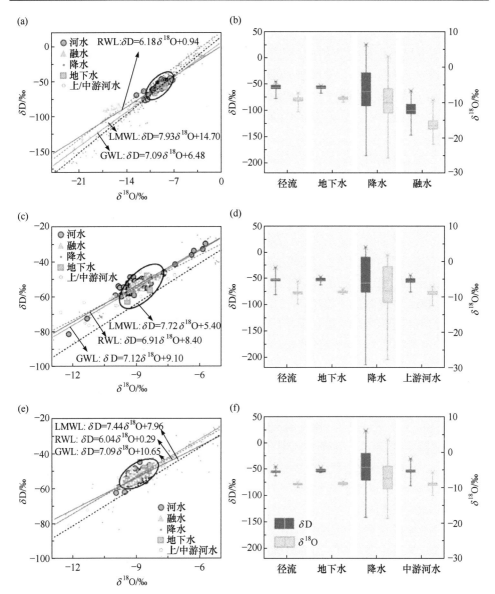

图 4-18　西营河流域不同径流补给源的同位素特征及 δD 与 $\delta^{18}O$ 的关系

(a)(b) 上游地区；(c)(d) 中游地区；(e)(f) 下游区域

(斜率为 6.04)，表明中游地区河流蒸发最弱，下游地区河流蒸发最强。在这三个区域中，地下水采样点集中在河水采样点附近，中游地区 GWL 的斜率和截距与 RWL 接近，说明地下水继承了河水的同位素特征。

2. 地表水与地下水的相互作用

本小节探讨空间变化引起的地表水与地下水相互作用的变化,并深入讨论不同景观区域间径流生成机制的差异。结合水体过境时间逆向替代(inverse transit time proxies, ITTP)、同位素水文分割(isotope-based hydrograph separation, IHS)和 EMMA 方法,研究不同景观区域地表水与地下水之间的相互作用(图 4-19)。

上游地区以冰川、裸岩为主,在 0℃以下可见大量的积雪和冰川分布(Vystavna et al., 2021)。年平均降水量为 443.2mm,蒸发强度为三种景观单元的中值。调查了上游地区 2019 年 7 月 22 日~8 月 22 日径流的降水事件前水的比例,结果表明,降水事件前水的比例不超过 72%。该地区在夏季由上游冰川(冷龙岭冰川)融水补给,也能够从降水中接受水补给,降水事件前水的比例没有中游那么大。融水的 ITTP 是三个地区中最高的,即水过境时间最短。EMMA 模型的结果表明,融水是维持径流长期稳定性的最大贡献源,这意味着上游地区的径流产生过程受到融水补给和降水事件的强烈控制,融水动态变化是径流产生过程中最显著的因素之一。近年来,随着全球变暖,干旱区储存的固体形式的水加速融化。在气候变化的背景下,以冰雪形式储存的水资源稳定性成为人们关注的重点。

中游地区的主要景观是林地。该地区的年平均降水量为 630.75mm,是三种景观单元中降水量最多的地区,其蒸发强度也是最低的。在调查地长达一个月的降水-径流事件中(2019 年 7 月 22 日~8 月 22 日),中游地区事件前水的比例始终不低于 68%,平均为 81%。这表明大量具有高渗透性和冠层效应的林地降低了事件水的比例,提高了土壤维持基流和保持水土的能力。此外,中游地区的河流 ITTP 是三个地区的中位数(ITTP=0.15),这表明河水过境时间也保持在中位数水平。EMMA 结果证实了降水对径流产生过程的贡献率高(16.57%)。因此,在中游地区的水资源管理实践中,应优先考虑植被资源的稳定性。

下游地区的主要景观是草地和农田。该地区的年平均降水量为 381.44mm,是三种景观单元中最低的,而蒸发强度最高。ITTP 结果表明,该区域事件前水的比例在 40%~80%,是三种景观单元中最小的(图 4-19)。事件水的比例较大,主要是因为地形平坦,事件水通过减少渗透而增加。ITTP 低对应水过境时间长,说明地下水仍然是维持长期稳定径流的基础。

干旱区不同景观地带的径流补给源贡献率不同,但地下水仍然是径流的重要补给源。干旱区地下水对于维持径流有重要作用,地下水对地表水的高补给量也说明了干旱区地表水与地下水有着积极的相互作用。总的来说,干旱区的水资源已经很稀缺,应充分考虑干旱区地表水与地下水的相互作用机制,这有利于最大程度地发挥水资源潜力。

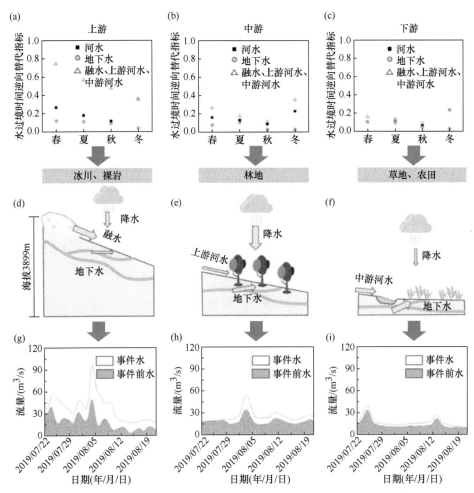

图 4-19　结合三种评价方法(ITTP、EMMA 和 IHS)下三种不同景观单元

各径流源的贡献和产生机制

(a)(d)(g) 上游地区；(b)(e)(h) 中游地区；(c)(f)(i) 下游地区

3. 对水资源管理的启示

在干旱区，地表水和地下水是相互补充和相互转化的关系，其相互作用机制如下。①地表水补给地下水：降水在地表形成河流、湖泊等水体，部分水分通过渗透进入地下层，补给地下水资源。②地下水补给地表水：地下水通过泉眼、井口等方式涌出地表，形成湖泊、泉水等地表水体。③地下水补给地表水蒸发：地下水通过渗透进入地表水体后，部分水分会蒸发为水蒸气，进入大气中形成降水，再次循环补给地表水。④地下水与地表水的水质交换：地下水和地表水之间存在水质的交换，地下水可以通过渗透作用净化地表水，地表水也可以通过渗漏作用

污染地下水。

了解干旱区地表水与地下水相互作用及补给机制，对于该地区水资源管理和可持续利用具有重要意义(Zhu et al.，2021a，2021b)。该地区的水资源有效管理，首先需要综合考虑地表水和地下水的管理，即在水资源管理中不能只关注地表水或地下水，而应综合考虑二者的相互作用。合理管理地表水和地下水，可以实现水资源的最优利用。此外，应加强对地下水的保护，并促进地表水与地下水的补给和转化。地下水是干旱区重要的水资源，应避免对地下水资源的过度开采和污染，以保证地下水的可持续利用。通过合理的水资源管理措施，可以促进地表水向地下水补给和地下水向地表水转化，增加水资源的供给。此外，加强水资源监测和调控对于合理分配该地区用水起到关键作用。加强监测和调控，及时了解地表水和地下水的变化情况，采取相应的管理措施，确保水资源的可持续利用。总之，研究干旱区地表水与地下水相互作用机制对于水资源管理具有重要的启示，可以指导合理的水资源利用和保护措施的制订和实施。

参 考 文 献

陈宗宇, 万力, 聂振龙, 等, 2006. 利用稳定同位素识别黑河流域地下水的补给来源[J]. 水文地质工程地质, 33(6): 9-14.

顾慰祖, 2011. 同位素水文学[M]. 北京: 科学出版社.

汪集旸, 陈建生, 陆宝宏, 等, 2015. 同位素水文学的若干回顾与展望[J]. 河海大学学报(自然科学版), 43(5): 406-413.

张应华, 仵彦卿, 丁建强, 等, 2005. 运用氧稳定同位素研究黑河中游盆地地下水与河水转化[J]. 冰川冻土, 27(1): 106-110.

BELLETTI B, GARCIA DE LEANIZ C, JONES J, et al., 2020. More than one million barriers fragment Europe's rivers[J]. Nature, 588(7838): 436-441.

CEPERLEY N, ZUECCO G, BERIA H, et al., 2020. Seasonal snow cover decreases young water fractions in high alpine catchments[J]. Hydrological Processes, 34(25): 4794-4813.

CRAIG H, GORDON L I, 1965. Deuterium and oxygen 18 variations in the ocean and the marine atmosphere[M]// TONGIORGI E. Stable Isotope in Oceanic Studies and PaleotemperaturesLab. Pisa: Consiglio Nazionale delle Ricerche.

DEEMER B R, HARRISON J A, LI S, et al., 2016. Greenhouse gas emissions from reservoir water surfaces: A new global synthesis[J]. BioScience, 66(11): 949-964.

ENCALADA A C, FLECKER A S, POFF N L, et al., 2019. A global perspective on tropical montane rivers[J]. Science, 365(6458): 1124-1129.

FAN H, HE D, WANG H, 2015. Environmental consequences of damming the mainstream Lancang-Mekong River: A review[J]. Earth-Science Reviews, 146: 77-91.

GETIRANA A, KUMAR S, GIROTTO M, et al., 2017. Rivers and floodplains as key components of global terrestrial water storage variability[J]. Geophysical Research Letters, 44(20): 10359-10368.

GIBSON J J, BIRKS S J, JEFFRIES D, et al., 2017. Regional trends in evaporation loss and water yield based on stable isotope mass balance of lakes: The Ontario Precambrian Shield surveys[J]. Journal of Hydrology, 544: 500-510.

GIBSON J J, BIRKS S J, YI Y, 2016. Stable isotope mass balance of lakes: A contemporary perspective[J]. Quaternary Science Reviews, 131: 316-328.

GIBSON J J, EDWARDS T W D, BIRKS S J, et al., 2005. Progress in isotope tracer hydrology in Canada[J]. Hydrological Processes, 19(1): 303-327.

GONFIANTINI R, 1986. Environmental isotopes in lake studies[M]//FRITZ P, FONTES J C. The Terrestrial Environment, B: Handbook of Environmental Isotope Geochemistry. Amsterdam: Elsevier.

HARE D K, HELTON A M, JOHNSON Z C, et al., 2021. Continental-scale analysis of shallow and deep groundwater contributions to streams[J]. Nature Communications, 12(1): 1450.

HU M, ZHANG Y, WU K, et al., 2020. Assessment of streamflow components and hydrologic transit times using stable isotopes of oxygen and hydrogen in waters of a subtropical watershed in eastern China[J]. Journal of Hydrology, 589: 125363.

JOUZEL J, FROEHLICH K, SCHOTTERER U, 1997. Deuterium and oxygen-18 in present-day precipitation: Data and modelling[J]. Hydrological Sciences Journal, 42(5): 747-763.

KELLER P S, MARCÉ R, OBRADOR B, et al., 2021. Global carbon budget of reservoirs is overturned by the quantification of drawdown areas[J]. Nature Geoscience, 14(6): 402-408.

KIRCHNER J W, 2016. Aggregation in environmental systems–Part 1: Seasonal tracer cycles quantify young water fractions, but not mean transit times, in spatially heterogeneous catchments[J]. Hydrology and Earth System Sciences, 20(1): 279-297.

LI C, WANG Y, WU X, et al., 2021. Reducing human activity promotes environmental restoration in arid and semi-arid regions: A case study in Northwest China[J]. Science of The Total Environment, 768: 144525.

MATHIEU R, BARIAC T, 1996. An isotopic study (^{2}H and ^{18}O) of water movements in clayey soils under a semiarid climate[J]. Water Resources Research, 32(4): 779-789.

MCGUIRE K J, MCDONNELL J J, 2006. A review and evaluation of catchment transit time modeling[J]. Journal of Hydrology, 330(3-4): 543-563.

MEREDITH K T, HOLLINS S E, HUGHES C E, et al., 2009. Temporal variation in stable isotopes (^{18}O and ^{2}H) and major ion concentrations within the Darling River between Bourke and Wilcannia due to variable flows, saline groundwater influx and evaporation[J]. Journal of Hydrology, 378(3-4): 313-324.

MOECK C, POPP A L, BRENNWALD M S, et al., 2021. Combined method of $^{3}H/^{3}He$ to identify groundwater flow processes and transport of perchloroethylene (PCE) in contaminant hydrology[J]. Journal of Contaminant Hydrology, 238: 103773.

MOHAMMED A M, KRISHNAMURTHY R V, KEHEW A E, et al., 2016. Factors affecting the stable isotopes ratios in groundwater impacted by intense agricultural practices: A case study from the Nile Valley of Egypt[J]. Science of the Total Environment, 573: 707-715.

MORTON F I, 1979. Climatological estimates of lake evaporation[J]. Water Resources Research, 15(1): 64-76.

MULLIGAN M, VAN SOESBERGEN A, SÁENZ L, 2020. GOODD, a global dataset of more than 38,000 georeferenced dams[J]. Scientific Data, 7(1): 31.

PFAHL S, SODEMANN H, 2014. What controls deuterium excess in global precipitation?[J]. Climate of the Past, 10(2): 771-781.

PHILLIPS D L, GREGG J W, 2001. Uncertainty in source partitioning using stable isotopes[J]. Oecologia, 127(2): 171-179.

POFF N L, OLDEN J D, MERRITT D M, et al., 2007. Homogenization of regional river dynamics by dams and global biodiversity implications[J]. Proceedings of the National Academy of Sciences, 104(14): 5732-5737.

REZAZADEH A, AKBARZADEH P, AMINZADEH M, 2020. The effect of floating balls density on evaporation suppression of water reservoirs in the presence of surface flows[J]. Journal of Hydrology, 591: 125323.

SANG L, ZHU G, XU Y, et al., 2023. Effects of agricultural large-and medium-sized reservoirs on hydrologic processes in the arid Shiyang River Basin, Northwest China[J]. Water Resources Research, 59(2): e2022WR033519.

SKRZYPEK G, MYDŁOWSKI A, DOGRAMACI S, et al., 2015. Estimation of evaporative loss based on the stable isotope composition of water using Hydrocalculator[J]. Journal of Hydrology, 523: 781-789.

TETZLAFF D, SEIBERT J, MCGUIRE K J, et al., 2009. How does landscape structure influence catchment transit time across different geomorphic provinces?[J]. Hydrological Processes, 23(6): 945-953.

THOMPSON G M, HAYES J M, 1979. Trichlorofluoromethane in groundwater—A possible tracer and indicator of groundwater age[J]. Water Resources Research, 15(3): 546-554.

TORIDE K, YOSHIMURA K, TADA M, et al., 2021. Potential of mid-tropospheric water vapor isotopes to improve large-scale circulation and weather predictability[J]. Geophysical Research Letters, 48(5): e2020GL091698.

VYSTAVNA Y, PAULE-MERCADO M, JURAS R, et al., 2021. Effect of snowmelt on the dynamics, isotopic and chemical composition of runoff in mature and regenerated forested catchments[J]. Journal of Hydrology, 598: 126437.

WANG W, LU H, RUBY LEUNG L, et al., 2017. Dam construction in Lancang-Mekong River Basin could mitigate future flood risk from warming-induced intensified rainfall[J]. Geophysical Research Letters, 44(20): 10378-10386.

WHEELER K G, JEULAND M, HALL J W, et al., 2020. Understanding and managing new risks on the Nile with the Grand Ethiopian Renaissance Dam[J]. Nature Communications, 11(1): 5222.

XU X, TAN Y, YANG G, 2013. Environmental impact assessments of the Three Gorges Project in China: Issues and interventions[J]. Earth-Science Reviews, 124: 115-125.

ZHANG Y, WU Y, SU J, et al., 2005. Groundwater replenishment analysis by using natural isotopes in Ejina Basin, Northwestern China[J]. Environmental Geology, 48(1): 6-14.

ZHANG Z, LIU J, HUANG J, 2020. Hydrologic impacts of cascade dams in a small headwater watershed under climate variability[J]. Journal of Hydrology, 590: 125426.

ZHU G, GUO H, QIN D, et al., 2019. Contribution of recycled moisture to precipitation in the monsoon marginal zone: Estimate based on stable isotope data[J]. Journal of Hydrology, 569: 423-435.

ZHU G, SANG L, ZHANG Z, et al., 2021a. Impact of landscape dams on river water cycle in urban and peri-urban areas in the Shiyang River Basin: Evidence obtained from hydrogen and oxygen isotopes[J]. Journal of Hydrology, 602: 126779.

ZHU G, YONG L, ZHANG Z, et al., 2021b. Effects of plastic mulch on soil water migration in arid oasis farmland: Evidence of stable isotopes[J]. CATENA, 207(8): 105580.

ZIV G, BARAN E, NAM S, et al., 2012. Trading-off fish biodiversity, food security, and hydropower in the Mekong River Basin[J]. Proceedings of the National Academy of Sciences, 109(15): 5609-5614.

第5章 干旱区土壤水与植物水稳定同位素

5.1 干旱区土壤水

5.1.1 土壤水稳定同位素特征研究概述

土壤水是连接降水、地表水和地下水的纽带，大气降水入渗进入土壤后会改变土壤水同位素的组成(汤显辉等，2020；吴友杰等，2020；肖庆礼等，2014)。不同地区的降水稳定同位素组成不同，从而使土壤水稳定同位素出现空间分异。除降水入渗之外，土壤水还受蒸发等影响，不同深度土壤水的氢氧稳定同位素会发生变化，形成同位素变化梯度。

蒸发引起的土壤水氢氧稳定同位素分馏研究开始于 20 世纪 60 年代，Zimmermann 等(1966)首次将氢氧稳定同位素应用于土壤蒸发规律研究，指出在恒温稳态蒸发条件下饱和均匀砂土柱δD 在近地表富集，受扩散作用影响，随深度增大呈指数衰减。随后许多学者开展了从考虑单一因素(如饱和土壤稳态蒸发)过渡到多因素(如非饱和土壤恒温稳态蒸发、非饱和土壤非恒温稳态蒸发、非饱和土壤非稳态蒸发)综合影响下蒸发过程中土壤水的氢氧稳定同位素分馏研究，揭示了土壤水氢氧稳定同位素蒸发分馏机制及分馏过程。Barnes 等(1988)提出了非饱和土壤恒温稳态蒸发模型，将土壤剖面分为上下两部分：土壤汽化前锋以上部分，土壤水主要以气态形式运动，其运动方式遵循菲克(Fick)扩散定律；土壤汽化前锋以下部分，土壤水主要以液态形式进行传输。在天然条件下，非稳态土壤蒸发较符合实际。Barnes 等(1988)和 Walker 等(1988)认为，非饱和土壤在非稳态蒸发条件下，土壤水 D、^{18}O 运动遵循质量和能量守恒，并基于此提出了土壤蒸发第一阶段蒸发率为常数，且土壤水同位素剖面开始形成，随着蒸发的持续，该剖面变为指数形态。在土壤蒸发第二阶段，表层土壤开始变干，蒸发率随之减小且与时间平方根成反比，累积蒸发量与时间平方根成正比。此外，他们指出土壤稳态和非稳态蒸发条件下同位素蒸发峰的深度略有不同，前者取决于大气和土壤蒸发峰以下水分中的同位素值,而后者主要取决于土壤水分状况和土壤介质的导水特性，且一般情况下后者的蒸发峰深度比前者浅。以上研究基于室内控制实验，从理论上分析了不同情境下土壤蒸发过程中同位素的变化特征并建立了相应的数学模型，为利用同位素技术揭示土壤水蒸发规律奠定了理论基础。

5.1.2　土壤水稳定同位素特征实证研究

干旱区土壤水稳定氢氧同位素值大多位于 LMWL 的右侧，表明降水或灌溉水渗透进入土壤后受持续蒸发的影响，使土壤水同位素富集，反映了当地气候干旱、蒸发强烈的环境特征(图 5-1)。

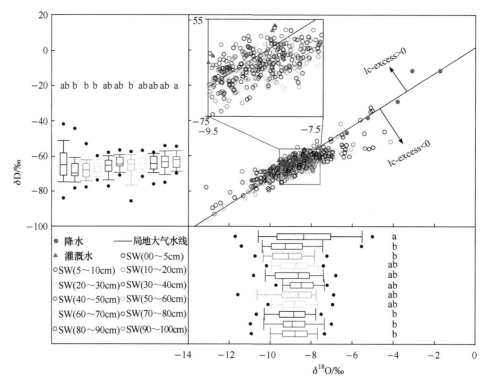

图 5-1　不同土壤深度 δD 和 $\delta^{18}O$ 的关系(见彩图)

同位素数据无显著差异用方框图旁的相同字母表示(a 和 b 之间有显著差异；ab 与 a 和 b 无显著差异)；SW 为土壤水；lc-excess 为水线氘差，表示不同水线相对局地大气水线 δD 的线性偏移量

土壤水同位素在土壤剖面上具有不同的特征，其动态变化反映了土壤水在各层的迁移情况(图 5-2)。表层土壤水氢氧同位素值呈现较为明显的变化，中层波动幅度相对表层较小，而深层土壤水同位素值则相对稳定。这主要是因为表层土壤易受蒸发与外来水入渗的影响，在降水和灌溉水入渗过程中，土壤水与之发生混合、更替，浅层土壤水经历反复的干湿过程，土壤水同位素值也随之发生显著变化。随着深度的增加这种现象逐渐减弱，对中层和深层土壤水影响较小。总体来说，土壤水的 δD、$\delta^{18}O$ 表现为随土壤深度的增加迅速下降并逐渐趋于稳定的变化趋势。

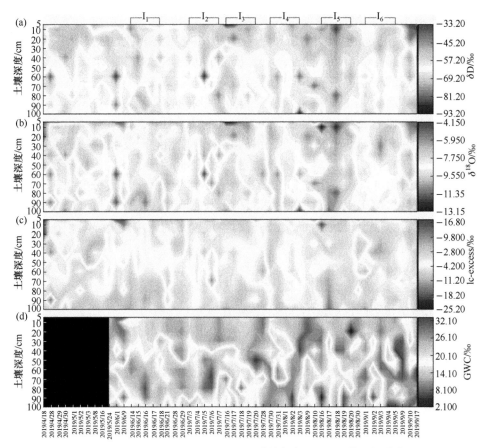

图 5-2　δD、δ¹⁸O、lc-excess 和质量含水量(GWC)的空间分布

(a) δD；(b) δ^{18}O；(c) lc-excess；(d) GWC，其中黑色表示这个季节没有测量数据；$I_1 \sim I_6$ 表示 6 次灌溉事件

1. 土壤水稳定同位素蒸发分馏研究

土壤水同位素变化与大气降水入渗、土壤蒸发等因素有关。在土壤蒸发过程中，不同区域、不同时空尺度上土壤水同位素值均存在显著的差异。在开放的液-气同位素系统中，土壤水和植物木质部水样本点一般分布在局地大气水线(LMWL)的左下方，说明土壤水和植物水受到降水的补给(陈亚宁等，2018；赵良菊等，2008)。土壤水和植物木质部水中氢氧同位素的线性趋势线，称为"蒸发线"，线性趋势线与 LMWL 的交点通常被解释为原始水源的同位素组成。以上结论后来也被用于推断土壤水和植物木质部水、地下水和溪流水等水体水源的同位素组成。Benettin 等(2018)在分析土壤蒸发的季节效应时，发现土壤水的蒸发损失量与降水同位素间存在一定的滞后效应。Sprenger 等(2017)应用 Craig-Gordon 模型进行研究，发现不同深度的土壤水同位素组成存在梯度变化，

并指出土壤水的蒸发分馏强度与大气降水存在密切的关系，但对土壤深度的研究仅在地表以下 20cm；此外，Sprenger 等(2016)利用土壤水同位素揭示了土壤-植被-大气连续体(soil-plant-atmosphere continuum，SPAC)中的水文过程，探讨了不同水体间的相互关系和不同气候类型下的土壤蒸发强度。在土壤蒸发的研究中，局地蒸发线 LEL 斜率是判断蒸发分馏强弱的重要指标。Gibson 等(2008)应用全球湖水和土壤水 LEL 揭示了蒸发分馏的季节性差异，并总结出开放水体的 LEL 斜率一般在 4.0～5.5,而土壤水的 LEL 斜率相对开放水体一般更小(通常小于 3)。斜率越小，表明蒸发分馏强度越大。不同时间、不同区域蒸发线斜率存在差异，因此可以通过比较 LEL 斜率的大小判断水体的蒸发分馏强弱。目前国内外已有许多关于土壤蒸发的分析，但多数是利用土壤水同位素值或土壤水线的斜率进行定性比较，从而得出不同时空尺度下的土壤蒸发强弱，在系统的定量计算方面还有所欠缺。

2. 土壤水稳定同位素指示入渗规律

1) 土壤水稳定同位素指示入渗规律研究概述

土壤水是连接降水和地下水的桥梁，降水进入地表转化成土壤水储存在包气带中，然后在包气带中入渗进入地下水。水分在土壤中的入渗过程受到多种因素的控制，如降水强度(Liu et al.，2015)、土壤质地及结构(Li et al.，2015)、地貌特征(Mueller et al.，2014；Hopp et al.，2009)和植被覆盖度(Liu et al.，2015；Stumpp et al.，2010)。早期研究主要注重传统定向观测和记录，后来随着入渗理论的提出，逐步实现了模拟和预测，加之观测手段丰富和科学技术水平不断提高，入渗对降水的响应分析呈现出多科学、多尺度、多因子交叉的研究特点。前人通过多种方法，如环境示踪剂(Stumpp et al.，2010)、染色剂(Hardie et al.，2011)、土壤含水量监测(Greve et al.，2012)及地下水位动态监测(Nimmo et al.，2017)，研究了土壤水在包气带中的入渗规律。D 和 ^{18}O 作为水分子的组成部分，其揭示的土壤水相关信息是其他技术难以获得的。随着近几十年来稳定同位素技术的迅速发展及土壤水抽提方法的不断完善，氢氧稳定同位素技术在土壤水的入渗机制研究中得到了广泛的应用。

2) 土壤水稳定同位素指示入渗规律实证研究

国内外一些学者利用同位素作为示踪剂，对土壤水入渗规律进行了研究。通常在降水—土壤水的入渗过程中，下渗水与原有土壤水发生混合，新水只取代了一部分旧水，越往深层，土壤水中稳定同位素值的变化越小(Mathieu et al.，1996)。Gazis 等(2004)根据土壤水中稳定同位素组成特征，发现降水在土壤表层以活塞流入渗，深层土壤水经过较长时间才得到更新。Lee 等(2007)指出，降水和土壤水中 d-excess(d-excess=δD−8δ^{18}O)的指数活塞流模型能很好地模拟水分的滞留时间。

Brinkmann 等(2018)利用稳定同位素示踪法,发现降水在土壤中的滞留时间从几天到几个月不等,并随土壤深度增加而增加。侯士彬等(2008)认为,土壤水中稳定同位素的时间变化和垂向分布反映了降水入渗和蒸散发的平衡关系。马田田等(2018)通过分析不同土地利用下包气带土壤水中 δD,认为林地、草地和农地均存在"优先流"现象。一般在干旱和半干旱区,土壤水中稳定同位素组成主要受蒸发控制,而在湿润地区,由于不同降水事件的干扰,土壤水中稳定同位素组成变得复杂。

5.1.3　干旱区土壤水的来源

1. 山区土壤水的来源

祁连山位于欧亚大陆的中心地带,是西北地区重要的生态屏障。研究区位于海拔 2500～3400m 的森林草原带,年降水量为 300～500mm,并且大部分降水集中在 6～9 月。多年平均气温为 0.6～2.0℃,极端最高气温、最低气温分别为 28℃(7 月)、−36℃(1 月)。阳坡为山地草原,阴坡为森林景观。乔木以青海云杉为建群种,青海云杉呈斑块状或条状分布在实验区的阴坡和半阴坡地带。土壤类型以山地灰褐土为主。在祁连山不同海拔梯度共布设 3 个监测样地,即 2700m(隧道)、3000m(宁缠)、3400m(护林)。研究发现,山区的土壤水主要来自降水和融水。在三个山区研究地点(隧道、宁缠、护林)进行了同位素分析,发现降水和融水分别占土壤水源的 62%和 38%。2019 年的降水量大于 2018 年,因此 2019 年降水对土壤水的贡献率高于 2018 年。高海拔采样点的气温较低,降雪量较大,融水对土壤水的贡献率高于低海拔采样点。融水对土壤水的贡献率在 4 月份达到最大值(平均贡献率为 61%),此时融雪强度最为强烈,渗入土壤中的融水更多。一般来说,在夏季降水到来之前(通常是在 6 月中旬),融水是土壤水的主要水源。

土壤水同位素和土壤湿度的变化可以用来评价不同植被区降水的输入、混合和再湿润过程。降水输入的主要方式是活塞流和优先流。活塞流是水通过土壤基质与浅层自由水完全混合。在活塞流作用下,降水沿水力梯度下渗,将原有土壤水向下推。优先流是指降水利用土壤大孔隙快速穿透浅层土壤,形成深层渗漏(Tang et al.,2001)。降水后,利用同位素信号在一定土壤深度的变异性可以识别水的渗流方式(Peralta-Tapia et al.,2015)。在研究期间,高山草甸和针叶林地区的土壤常年处于季节性冻融状态,土壤同位素剖面差异较小。土壤含水量沿剖面呈现自上而下增加的趋势,说明受到了前期降水的影响。土壤湿润时,降水对土壤水分的补给具有自上而下的活塞流补给特征。在土壤水分剖面,优先渗透的同位素信号表现出较高的变异性(Brodersen et al.,2000),山地草原和落叶林的雨水通

过裸露的土壤裂隙和根系,迅速穿过土壤基质进入深层土壤,这导致 60～100cm
深度的土壤同位素突然耗竭,这可能是因为降水量减少且迅速达到这一深度,并
优先渗入土壤。土壤剖面 1m 深度范围内同位素的时空变化反映了包气带水分的
运移和混合。高山草甸和针叶林的降水量较大,经过短暂的微弱蒸发后,土壤又
被下一场雨打湿。高山草甸土壤含水量每月保持在 20%以上。5 月中旬至 7 月下
旬,山地草原和落叶林仅有零星降水,土壤水分蒸发较快;7 月以后随着气温的
下降和连续降水的出现,土壤在干旱 2 个月后重新湿润。这两种植被带均表现
出土壤水与降水同位素的置换混合。结果表明,山地草原土壤蓄水能力严重不
足,降水结束时土壤不能完全复湿。此外,土壤水储存能力低将使剩余的土壤
水同位素富集(Barnes et al.,1988;Zimmermann et al.,1966)。在整个研究期
间,降水输入和不同植被区混合引起了土壤再湿润的"记忆效应"。各植被区
土壤水分的变化反映了不同的气候和水文特征。不同土壤深度的同位素值见
图 5-3。

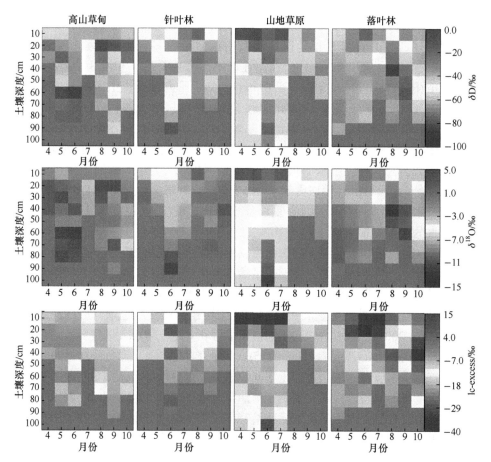

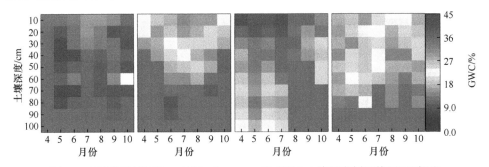

图 5-3　不同植被带 δD、δ^{18}O、lc-excess 和 GWC 土壤深度剖面热图(见彩图)
灰色表示缺少测量的土层

2. 绿洲土壤水的来源

民勤绿洲位于河西走廊东端和石羊河流域下游，西、北、东三面被巴丹吉林沙漠和腾格里沙漠环绕。民勤绿洲是在石羊河滋养下形成的，东西长 206km，南北长 156km，属于典型的大陆性气候，太阳辐射强烈，日照时间长，昼夜温差大，降水稀少(年平均降水量 113.2mm)，蒸发量大(年平均蒸发量 2675.6mm)，是世界上水资源最短缺和风沙灾害最严重的地区之一。绿洲土壤的形成过程受母质影响，可溶性盐类积累较多。天然土壤包括灰褐色荒漠土、风沙土、盐渍土和草甸土；耕地土壤主要是灌溉粉土，是在长期栽培、灌溉和施肥作用下形成的。民勤地区降水稀少，地表水和地下水是绿洲存在的关键。干旱绿洲区的农田土壤不同于其他自然土壤，土壤水分的补给源主要是灌溉水而非大气降水。极度稀少的降水导致土壤水同位素中没有明显的降水输入信号，灌溉水的输入会使土壤水同位素发生变异。

根据土壤水同位素的变化，估算了灌溉水对灌溉后第 1～5 天土壤水的贡献率(图 5-4)。结果表明，在灌溉后第 1～5 天，灌溉水对 1m 深度范围土壤水的平均贡献率分别为 33.98%±16.76%、32.59%±8.71%、34.29%±15.51%、19.93%±8.74%、13.86%±9.66%。为了更清楚地了解灌溉水在土壤中的运移情况，将 1m 土层分为 3 层(浅层：0～20cm；中层：20～60cm；深层：60～100cm)。灌溉后第 1 天，0～20cm 土层土壤水的贡献率达到峰值(59.53%±3.73%)。连续 5d 灌溉水对该层土壤水的贡献率均大于 10%。20～60cm 土层在灌溉后第 2 天达到最大贡献率(34.25%±10.69%)。从第 5 天开始，灌溉水对该层土壤水的贡献率小于 10%。灌溉水对 60～100cm 土层土壤水的贡献率在第 3 天达到峰值(50.55%±11.87%)。总体而言，灌溉后 5d 内，灌溉水对 0～20cm、20～60cm 和 60～100cm 土层土壤水的平均贡献率分别为 31.11%±17.74%、19.17%±12.72% 和 31.56%±12.42%，灌溉水对 20～60cm 土层土壤水的贡献率相对较小。

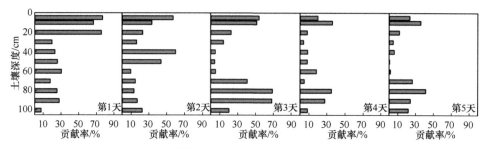

图 5-4 灌溉后第 1～5 天灌溉水对各层土壤水的贡献率

3. 荒漠土壤水的来源

青土湖是石羊河流域的尾闾湖，位于民勤绿洲北端，海拔 1300m 左右，属典型的温带大陆性干旱气候；年平均气温 7.8℃，年平均蒸发量 2640mm，年风沙天数 140d，年平均风速 4.1138m/s，最大风速 23m/s。地带性土壤为灰棕沙漠土，非地带性土壤为草甸沼泽土和风成沙土。植被类型为典型的荒漠植被，以旱生灌木，半灌木和一年生、多年生草本植物为主，包括白刺、梭梭、沙蒿、芦苇等。白刺以斑块状分布，面积较大。荒漠土壤水主要来自生态输水及降水，其中降水所占比例较小。在青土湖的观测研究中，土壤水 δD 和 $\delta^{18}O$ 的平均值分别为 $-29.66‰ \pm 10.48‰(-49.04‰～1.99‰)$和$-0.67‰ \pm 2.99‰(-6.82‰～7.75‰)$，地下水 δD 和 $\delta^{18}O$ 的平均值分别为 $-67.23 \pm 4.31‰(-71.98‰～-57.42‰)$ 和 $-9.54 \pm 0.98‰(-10.44‰～-7.25‰)$(表 5-1)。土壤水线与地下水线不相交，因此认为不存在地下水对土壤水的补给。SWL 的斜率和截距($y=3.18x-27.67$，$R^2=0.72$)均小于 LMWL($y=6.26x-6.10$，$R^2=0.94$)，说明输入水进入土壤后，土壤水同位素蒸发富集。一些土壤水的同位素值位于 LMWL 上方，这进一步证实了降水不是土壤水的唯一补给源。大部分土壤水同位素值落在湖水线(LWL)的右下方，证实了湖水的渗流补给是土壤水的主要补给源。地下水线(GWL)的斜率远小于 LMWL 的斜率，这并不代表地下水的稳定同位素发生了强烈的蒸发分馏，可能是因为研究区其他水源(如湖水)对地下水的补给。LWL 和 GWL 的斜率和截距接近，进一步表明湖水与地下水之间的水力联系较为密切，荒漠区土壤水和地下水主要由降水和湖水补给。

表 5-1 青土湖地区白刺灌丛生长期不同水体 δD 和 $\delta^{18}O$ 的总体特征

类型	土壤深度 /cm	$\delta D/‰$				$\delta^{18}O/‰$			
		最大值	最小值	平均值	标准差	最大值	最小值	平均值	标准差
雨水	—	10.25	−55.31	−24.30	20.62	2.46	−7.65	−2.91	3.20
湖水	—	35.95	−57.05	−17.62	22.30	11.23	−8.64	0.17	5.26

续表

类型	土壤深度/cm	δD/‰				$\delta^{18}O$/‰			
		最大值	最小值	平均值	标准差	最大值	最小值	平均值	标准差
地下水	—	−57.42	−71.98	−67.23	4.31	−7.25	−10.44	−9.54	0.98
木质部水	—	−14.34	−48.78	−36.95	9.46	5.40	−4.67	−1.10	2.10
土壤水	0～10	1.70	−47.18	−22.73	9.63	7.75	−6.74	1.81	3.39
	10～20	−2.61	−47.59	−28.50	10.06	6.07	−6.82	−0.13	2.99
	20～30	−4.25	−43.28	−30.84	9.74	5.43	−4.12	−0.95	2.52
	30～40	1.99	−49.04	−31.91	10.43	6.02	−5.77	−1.44	2.46
	40～50	0.10	−42.78	−32.22	9.68	5.20	−5.90	−1.66	2.35
	50～60	0.49	−47.04	−31.77	10.05	5.77	−6.19	−1.66	2.48
	0～60	1.99	−49.04	−29.66	10.48	7.75	−6.82	−0.67	2.99

5.1.4　干旱区土壤水滞留时间、蒸发和下渗

1. 干旱区土壤水滞留时间

1) 绿洲区灌溉水滞留时间

干旱区降水稀少，农田土壤水大部分依靠灌溉水补给，本小节以民勤绿洲农田灌溉水为例，研究外来水在土壤中的滞留时间。与自然土壤不同，农田容易受到耕作、灌溉等人类活动的干扰，从而改变外来水分对土壤水的补给。绿洲土壤的形成过程受母质影响，可溶性盐类积累较多。天然土壤包括灰褐色荒漠土、风沙土、盐渍土和草甸土。由于民勤地区降水稀少，地表水和地下水是绿洲存在的关键。一次灌溉后，灌溉水对民勤绿洲农田不同土层土壤水的平均有效贡献时间存在差异。0～20cm 土层在灌溉后 5d 的平均贡献率均超过 20%，这意味着 5d 后该土层仍会受到残留灌溉水的贡献，20～60cm 土层第 5 天的贡献率低于 5%，灌溉水对该层土壤水的有效贡献时间仅为 4d。60～100cm 土层第 5 天的平均贡献率大于 0～20cm 与 20～60cm 土层，灌溉水对该土层的贡献将会继续，且对该层有着更长的有效贡献时间(表 5-2)。

表 5-2　不同土壤深度下灌溉水对土壤水的有效贡献时间

土壤深度/cm	有效贡献时间/d	土壤深度/cm	有效贡献时间/d
0～5	>5	20～30	4
5～10	>5	30～40	4
10～20	>5	40～50	4

土壤深度/cm	有效贡献时间/d	土壤深度/cm	有效贡献时间/d
50～60	4	80～90	>5
60～70	>5	90～100	>5
70～80	>5	—	—

2) 影响绿洲区水滞留时间的主要因素

灌溉水实际贡献的时间受到自然条件和人类活动的影响。优先流是农田土壤水分和溶质运移的一种常见形式,它通过影响土壤水分的水文运移来改变灌溉水对土壤水分的贡献(Gazis et al., 2004)。研究区处于极度干旱的环境中,平均土壤含水量远低于饱和含水量,过多的水输入会引起土壤水分的快速移动(Padilla et al., 1999)。与垂直推动式渗流相比,大孔隙优先流快速穿过土壤基质渗透到深层土壤,缩短了输入水对中上部土壤的贡献时间(虽然 0～20cm 土层灌溉水的有效贡献时间超过 5d,但贡献率已变低)。在干旱区,用塑料薄膜覆盖表层土可以达到降温和保水的目的,但会干扰水的渗透。一方面,覆盖地膜后,灌溉水只能流入作物生长孔隙和覆膜之间的裸露区域,此时有地膜覆盖的土壤水势高于无地膜覆盖的土壤水势(Li et al., 2021),因此地膜覆盖更容易增加灌溉后的水分渗漏;另一方面,塑料地膜可削弱土壤与大气之间的直接交换,从而显著减少表层土壤水分的蒸发(Yang et al., 2015)。从覆盖物下土壤中蒸发出来的水蒸气会积聚在表层土壤上或附着在覆盖物上,从而增加表层土壤的水分,这有助于增加灌溉水在表层土壤的有效贡献时间。60～100cm 土层蒸发变弱,作物根系在该土层的分布也较少,不易形成较大的孔隙流。此外,地形的坡度和松软程度影响输入水对土壤水的贡献。研究发现,土壤水在 1m 土壤剖面中的平均滞留时间为 0.4～4 个月,而在陡峭的集水区,土壤水平均滞留时间仅为 4～27d(McGuire et al., 2002)。实验地位于小绿洲盆地,与坡地相比,灌溉水输入后会滞留在农田中,不易形成径流,这也增加了灌溉水对浅层土壤水的补给时间。

2. 干旱区土壤水蒸发

土壤水的 lc-excess 能够显示出明显的蒸发信号。干旱的环境不仅使得表土的同位素存在强烈蒸发信号(lc-excess<–20‰),而且推动蒸发信号向土壤中下层移动。在大多数的土样中,土壤水 lc-excess 在 60～80cm 土层中明显偏负。由土壤表层至深层,土壤水 lc-excess 逐渐增大,标准差减小并趋于稳定,说明土壤经历的蒸发作用逐渐减弱。

3. 干旱区土壤水下渗

下渗是土壤水分补充的唯一来源，活塞流和优先流是两种水渗透方式(Mathieu et al., 1996)。活塞流是指水通过土壤基质后与浅层游离水完全混合。在活塞流的作用下，输入水沿水力梯度渗漏，将孔隙水从原土壤向下推动。土壤水同位素剖面经常被用来识别外部水的下渗。民勤绿洲农田土壤水同位素数据显示出土壤水对灌溉水输入的响应。在灌溉前，蒸发是土壤水分变化的主要驱动力，这在表层土中尤为明显。输入灌溉水后，新水和旧水的混合导致同位素迅速耗尽，从而失去了分馏信号，增加了土壤剖面的同位素变异性。

灌溉水入渗与原有土壤孔隙水发生混合的过程一般分为四个阶段。第一阶段为灌溉还未发生时，土壤水受蒸发与蒸腾作用，氢氧稳定同位素在表土中富集，土壤水 lc-excess 与 GWC 的最大值出现在土壤的中下层。第二阶段为灌溉发生时，此阶段优先流往往与活塞流并存。一部分输入灌溉水在浅层土壤中以活塞流方式通过土壤基质从表层向下层渗透，之后与原有土壤水混合，形成新的土壤水；另一部分水分利用土壤大孔隙快速通过浅层土壤到达深层土壤与土壤水混合，该阶段浅层土壤水 D 与 ^{18}O 最为贫化。灌溉水入渗的第三阶段，土壤水中蒸发作用与水分入渗并存，浅层土壤水受蒸发作用影响，D 与 ^{18}O 逐渐富集，lc-excess 最小值出现在表层。深层土壤水仍然以渗透作用为主，原有土壤水与新土壤水混合，土壤水中 D 与 ^{18}O 仍处于贫化状态，GWC 的最大值向深层土壤移动。第四阶段灌溉水与原有土壤孔隙水完全混合，浅层土壤水 D 与 ^{18}O 受蒸发作用影响继续富集，深层土壤水受蒸发作用影响比前一阶段有所增强，土壤水逐渐恢复到灌溉前的状态。

研究表明，农田土壤水稳定同位素的时空变化是人工灌溉和蒸发共同作用的结果。灌溉前，蒸发是土壤水分变化的主要驱动力，在表层土壤中尤为明显(Sprenger et al., 2017；Gazis et al., 2004；Tang et al., 2001)。灌溉水进入土壤后，不同土层蒸发强度的差异、活塞流对水的推动及土壤中普遍存在的优先流是土壤剖面同位素变化的主要因素(Kortelainen et al., 2004；Renshaw et al., 2003)。土层之间的 lc-excess 差异反映了明显的蒸发信号(McCutcheon et al., 2017；Sprenger et al., 2016)。干旱环境使表层土壤同位素具有较强的蒸发信号，并推动蒸发信号向中下层迁移。灌溉前，0～5cm 土层土壤水的 lc-excess 最小(<−20‰)，蒸发最集中。总体上，土壤水同位素分馏相对稳定。

在灌溉过程中，活塞流和优先流同时存在，二者相互作用完成水分的置换。活塞流模式中，新旧水混合，土壤水分层推进，可通过比较土壤水与降水的同位素来分析活塞流模式(Xiang et al., 2020；Gazis et al., 2004)。优先流模式中，降水会通过大孔隙快速下渗，不与旧水发生混合(Gazis et al., 2004；Tang et al., 2001)。

在非饱和土壤中,当含水量较低或为零时,优先流占主导地位(Padilla et al., 1999)。农田土壤水同位素的变化与灌溉水相对应,这进一步证实了一部分灌溉水可以通过优先流快速渗透到土壤的中下部。灌溉水作为农田作物水分的主要补给源,可以到达100cm以下的土层,有效地替代农田土壤中的老水。

5.2 干旱区植物水

5.2.1 干旱区植物水稳定同位素特征

植物水作为水循环的一个重要环节,其稳定同位素变化可以直接反映植物内部与外界环境的物质和能量转化,并能够反映植物周围的微小环境与包含的生态信息,如气压、温度、相对湿度、蒸腾速率和气孔导度等。同时,植物水稳定氧同位素的富集或者贫化对其周围环境大气中O_2和CO_2的^{18}O收入和支出也有着重要的影响。植物木质部水的氢(δD)和氧同位素值($\delta^{18}O$)是各种来源水分氢氧同位素值的混合值,潜在水源可以是大气降水、地表径流及地下水等"初始"水源,它们需要转化为土壤水后才能被植物吸收利用。不同来源的水分有着不同的氢氧同位素值,一般除少数盐生植物在吸收水分时对氢同位素有明显的分馏作用外,其他陆地植物吸收水分时氢氧同位素不会发生分馏,可利用植物木质部水和潜在土壤水氢氧同位素组成的差异来研究植物的水分来源。水分被植物根系吸收由下部沿木质部向上运输时,水分是以液流形式进行的,这种运输方式不存在气化,因此在水分运输过程中一般不存在氢氧稳定同位素分馏现象。植物根茎内水的δD和$\delta^{18}O$取决于土壤中可供植物吸收水的δD和$\delta^{18}O$。因此,可以通过比较不同层次土壤中水分和植物茎木质部水的δD和$\delta^{18}O$,分析水源与植物体内水分同位素组成的关系。

对陆地植物而言,植物中氢和氧的主要来源是水。干旱区生态系统的植物利用水分可能来自降水,也可能来自地表水(河川径流)、土壤水和地下水等不同的水源。一般认为,陆地植物在吸水时不发生同位素分馏。部分研究发现,植物通过根系吸收水分时^{18}O和D没有发生分馏。有些水生盐生植物在吸收水分时对氢有明显的分馏作用,可是并没有充足的证据来证明。在地下水-土壤-植物-大气系统中,地下水、地表水、土壤水、植物水和大气水之间不断地发生着转化。利用$\delta^{18}O$和δD研究干旱区降水和河川径流的同位素特征、地下水的补给来源及更新周期等,已取得了许多成果。将蒸腾、蒸发的实验观测方法与水量平衡方法相结合,对干旱区荒漠生态系统的水分转化与利用进行了研究,取得了一些有意义的结果。稳定同位素技术有助于人们对干旱区生态系统的水分循环及其与植物演变关系的研究达到一个新的水平,对以植物为中心的水分转化动力学过程、植物水分长期利用效率等产生更为全面和深入的理解。植物木质部水和树轮纤维素的氢氧同位素组成分析，可用于各种群落类型和环境，以分析植物短期和长期的水分利用形式；还可用于植物与植物之间相互作用的研究，确定不同水分来源的比例，有助于评价和管理与区域或局地景观水文联系紧密的植物群落。稳定同位素技术作为一种非破坏、无污染、可量化的示踪方法，已经在许多方面取得成果。随着分析测试手段的普及及应用领域的不断拓展，稳定同位素技术将在干旱区的生态水文过程研究中显示出更好的应用前景。

在亚洲中部干旱区的祁连山区，研究发现降水中的 D 和 ^{18}O 在夏季富集，在春秋季贫化，土壤水和植物水中的δD 和δ^{18}O 遵循降水的季节变化趋势。各个采样点局地降水线(LMWL)和土壤水线(SWL)的斜率差异不大，但都随海拔的变化而变化。高海拔采样点 LMWL 的斜率最大，可能是因为高海拔采样点的植被覆盖度和空气相对湿度较高。SWL 的斜率随海拔的降低而增加，土壤水同位素值几乎都位于 LMWL 的右下方，表明土壤水由降水补给，且低海拔土壤水蒸发大于高海拔土壤水蒸发。青海云杉 4 月开始发芽，叶片直到 6 月才完全展开，9 月下旬开始落叶。在 2018 年和 2019 年，从青海云杉木质部中提取的水分差异不大($P>0.05$)，木质部水同位素值随海拔降低而增加，表明低海拔植物蒸腾作用大于高海拔植物。在采样期间，大多数土壤水和植物木质部水分布在 LMWL以下，所有地下水在整个生长季都聚集在 LMWL 上方。采样点 11 月开始降雪，3 月开始融化，几乎所有积雪融水样本都沿着 LMWL，或仅与 LMWL 稍有偏差。与降水相比，积雪融水的δD 和δ^{18}O 都有所减小，但两者都沿相同的趋势变化(图 5-5)。

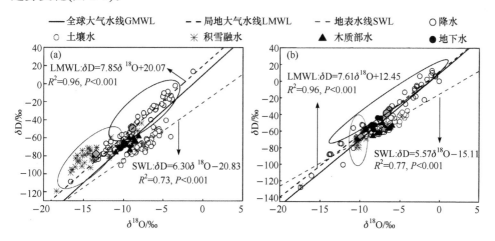

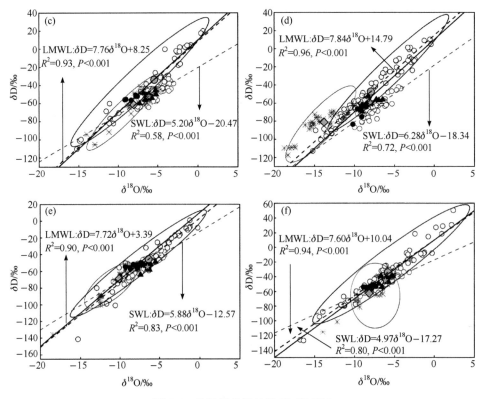

图 5-5 各采样点样品的 δD 和 $\delta^{18}O$

(a) 2018 年隧道；(b) 2018 年宁缠；(c) 2018 年护林；(d) 2019 年隧道；(e) 2019 年宁缠；(f) 2019 年护林

　　土壤水、灌溉水和木质部水的稳定同位素值(δD 和 $\delta^{18}O$)如图 5-6 所示。LMWL 的斜率和截距($\delta D=7.34\delta^{18}O+2.45$，$R^2=0.93$)都小于全球大气水线($\delta D=8\delta^{18}O+10$)(Craig，1961)，表明降水过程中存在强烈二次蒸发的影响，反映了当地气候干燥、蒸发强烈的环境特征。

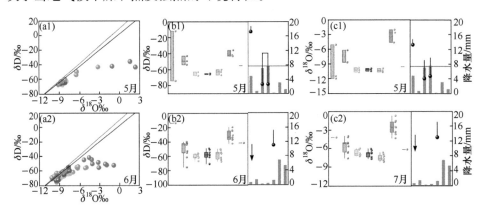

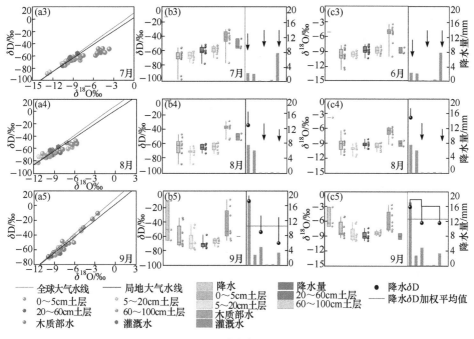

图 5-6　双同位素图(见彩图)

(a1)~(a5)为 5~9 月的 δD 和 δ¹⁸O 散点图；(b1)~(b5)为 5~9 月的 δD 箱线图；(c1)~(c5)为 5~9 月的 δ¹⁸O 箱线图；
LMWL 为局地大气水线($\delta D=7.34\delta^{18}O+2.45$, R^2=0.93)；GMWL 为全球大气水线($\delta D=8\delta^{18}O+10$)；箭头表示灌水

因为氢氧稳定同位素的时间变化是一致的，所以仅用 $\delta^{18}O$ 来描述稳定同位素组成的变化情况是合理的。2019 年观测期内总降水量为 97.2mm，且大多为 8mm以下的降水。降水同位素值在生长季节波动较大，高值主要出现在夏秋季节，其 $\delta^{18}O$ 平均值为 $-6.09‰±3.07‰(-10.23‰~-1.73‰)$。在 6~8 月测量的土壤水样中，这些值通常没有显著异常($P>0.05$)，但 0~5cm 土层有几个水样同位素值明显小于其他水样($P<0.05$)，可能与采取的灌溉模式和覆盖地膜有关。浅层土壤水和木质部水比中间层土壤水和深层土壤水检测到更强的 D、¹⁸O 富集，可能是因为降水较少，蒸发强烈。土壤水 $\delta^{18}O$ 通常从浅(0~5cm 土层)到深(5~100cm 土层)逐渐减小，灌溉后的几天除外。在生长季，0~5cm 土层和 5~20cm 土层土壤水 $\delta^{18}O$ 的平均值分别为 $-8.30‰±2.10‰(-12.81‰~-3.23‰)$ 和 $-9.22‰±1.14‰$ $(-11.66‰~-6.10‰)$。20~60cm 土层和 60~100cm 土层土壤水的 $\delta^{18}O$ 相对稳定，其平均值分别为 $-8.84‰±0.73‰(-10.53‰~-7.32‰)$，$-9.00‰±0.73‰$ $(-10.71‰~-7.69‰)$。该研究区灌溉水来源于当地地下水，灌溉水同位素值均落在 LMWL 偏左下侧区域，其同位素组成较降水同位素组成明显贫化，但同位素值相对稳定，变化小于降水和土壤水，$\delta^{18}O$ 平均值为 $-8.82‰±0.79‰(-9.58‰~7.68‰)$。木质部水同位素值大多位于 LMWL 右侧，其季节变化与浅层土壤水相

似，表明植物利用了受蒸发作用影响而发生同位素分馏的土壤水，其$\delta^{18}O$平均值为−4.91‰±2.58‰(−10.18‰～2.37‰)。植物木质部水同位素组成在不同的生长期具有明显差异($P<0.05$)，表明植物吸水具有明显的时间变异性。在灌溉后 5d 内，木质部水的$\delta^{18}O$通常小于 0～5cm 土层土壤水的$\delta^{18}O$。最有可能的是，在此期间植物利用了极浅层(<2.5cm)的土壤水。

5.2.2 干旱区植物用水策略

1. 自然植被用水策略

在干旱区，植物生存依赖于稳定的水源，利用深层土壤水和地下水使植物具有更强的生存能力，确保其在缺水的干旱区存活。不同植物物种具有不同的水分来源。在美国犹他州南部，研究数据显示木本和多年生草本植物同时利用夏季降水和剩余的冬春季降水，但草本植物更依赖夏季降水(Ehleringer et al.，1991)。在毛乌素沙地，油蒿水分来源较为平均，能充分利用浅层和深层土壤水，而沙地柏和紫穗槐主要利用深层(40～100cm 和 60～140cm)土壤水；羊柴在不同生长期，水分利用来源表现出较大差异(傅旭等，2020)。在祁连山地区，青海云杉广泛使用积雪融水(冬季降水)。根据同位素值分析，降水和积雪融水对土壤水的贡献率分别为 62%和 38%，对植物水的贡献率分别为 67%和 33%(图 5-7)。2019 年降水量大于 2018 年降水量，所以 2019 年降水对土壤水和植物水的贡献率都高于 2018年。在高海拔采样点，气温低，降雪多，积雪融水对土壤水和植物水的贡献率高于较低海拔采样点。积雪融水对植物水和土壤水的贡献率在 4 月达到最大值(平均贡献率分别为 59%和 61%)，此时积雪融化程度最强烈，较多的积雪融水渗入土壤并被植物利用。总体来说，在夏季降水到来之前(通常是 6 月中旬)，积雪融水是植物水和土壤水的主要水源。植物在生长休眠期(11 月～次年 3 月)减少了对水的需求，不能立即利用冬季降水，此时降水就以雪的形式储存在土壤之上，植物根系无法接触。次年 4 月气温回升，植物开始生长，积雪逐渐融化并渗入土壤被植物利用，此时积雪大量融化，积雪融水对青海云杉的贡献率大于降水。5 月气温大幅度上升，积雪快速融化，在这段时间内降水量较少，大部分降水可能在植物接触之前就蒸发了，无法为植物提供足够的水源，植物只能吸收一部分积雪融水维持生长。相比 4 月，5 月积雪融水的贡献率减小。随着进入夏秋季，降水量增加，积雪已经消融得差不多，此时降水为植物提供较多的水分。总体来讲，青海云杉在春季利用积雪融水，在夏秋季利用降水。积雪融水为青海云杉提供了9%～63%的用水，其中较大比例在植物生长季的早期消耗。在生长后期，植物有70%以上的水分来自降水。

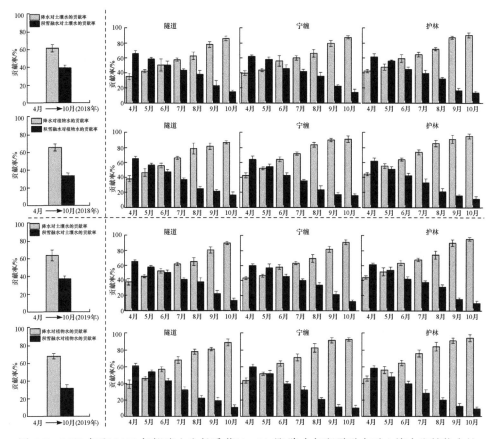

图 5-7　2018 年和 2019 年祁连山生长季节(4～10 月)降水与积雪融水对土壤水和植物水的贡献

由图 5-8 可知，同一生境下的多枝柽柳和旱柳具有相同的潜在水源，利用贝叶斯混合模型 MixSIAR，得出两者的主要水分来源是浅层土壤水。河岸带的土壤含水量较高，植物吸水层位相对较浅。有研究表明，黑河下游河岸林生态系统中多枝柽柳的吸水层位较浅。样点 1 处 8 月和 9 月降水增多，黄河水位上涨，土壤含水量明显大于其他月份，多枝柽柳和旱柳的主要水分来源为浅层土壤水；4 月和 10 月处于黄河非汛期，黄河水位下降，土壤含水量较低，4 月样点 1 和样点 2 的旱柳增加了对深层土壤水、河水和地下水的利用率，10 月样点 1 多枝柽柳和旱柳的主要水分来源也向更深层转变。这表明多枝柽柳和旱柳都有一定的适应机制，水源转变可使植物获得更稳定的水源，当土壤含水量较低时，以河水和地下水为主要水源。一些研究表明，多枝柽柳是深根系植物，主要利用深层土壤水；也有研究发现，黑河中游生长的柽柳在 7 月主要利用深度 185cm 以下的土壤水，主要利用深层土壤水和地下水，植物水分生理参数对降水无响应。这表明在不同的生境下，同种植物的水分来源不同，即使在同一河岸带，植物的水分来源也会因水文环境、与河岸的距离、林龄及植物种类的不同而有所差异。植物生长于土壤之中，不同深度的土壤水是植物的直接水源，降水、河水和地下水等是植物的间接水源。将植物的潜在水源划分为浅层土壤水、中层土壤水、深层土壤水、地下水和河水。由于采样选择在晴天进行，而且采样前一周内未发生降水事件，因此并未考虑将降水作为多枝柽柳和旱柳的潜在水源。研究区位于河岸边，河水与地下水交互作用强烈，使两者的同位素值较接近，河水与地下水对多枝柽柳和旱柳的水分贡献率也接近。研究区土壤水分状况较好，整体上，河岸植物对浅层土壤水的利用率最大，主要是因为浅层土壤含水量较大，而且浅层土壤水距离植物最近，吸收水分需要的时间最短，更容易被植物吸收利用；在浅层土壤含水量较低时，植物会向更深层吸收水分，增大对河水和地下水的利用率。两种植物对潜在水源的利用率比较平均，主要是因为处于河漫滩这一特殊的地理位置，植物对各种水源均匀利用，是一种最优的吸水模式。当浅层土壤含水量较低时会加大对河水和地下水的利用率，水源转变，从而使植物获得更稳定的水源。通过对黄河兰州段典型河岸植物水分来源进行初步分析，为深入了解黄河流域植物水分利用的关系及河岸生态系统稳定性提供理论基础。

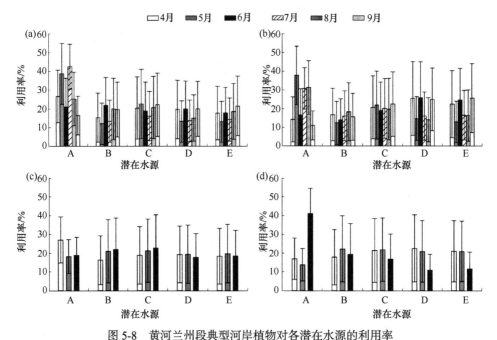

图 5-8　黄河兰州段典型河岸植物对各潜在水源的利用率

(a) 多枝柽柳(样点 1)；(b) 旱柳(样点 1)；(c) 多枝柽柳(样点 2)；(d) 旱柳(样点 2)；潜在水源 A～E 分别为 0～30cm 土壤水、30～80cm 土壤水、80～150cm 土壤水、地下水、河水

2. 人工林用水策略

预计全球变暖会加剧 21 世纪的干旱程度。由于气候变化，森林预计经历越来越频繁和剧烈的干旱事件。大量研究表明，降水年分布的变化对生态系统的水平衡和树木的水源有重大影响。植物利用吸水、气孔调整、叶片水势和碳增加等不同的水分利用策略，以适应不同的土壤水分条件。温带树种对土壤水分下降和干旱的不同生理反应往往被认为是不同吸水深度形成的。因此，在水分有限的生态系统中，探索植物根系水分吸收对土壤水分条件的影响，可为我国北方的重新造林(人工林)和水分管理工作提供指导。李雪松等(2018)在探究三北防护林主要树种的水分利用规律时发现，杨树的根系呈"二态"结构特征，能在水分不足时利用深层土壤水，并维持相对较大的水分利用率，而在水分较为充足时，主要利用浅层土壤水。同时，杨树人工林的水源深度随退化程度呈波动变化趋势，其处于严重退化时的水源较浅，但蒸腾量与正常生长的杨树相比未发生显著变化。长期这样的水分利用模式可能会使杨树的退化更加严重。

河岸植物主要利用河水，也有研究表明河岸植物主要利用地下水，很少利用河水，尤其是大树和离河流比较远的树木。这说明河岸植物水分来源复杂，受到植物种类、气候特点和河流水量状况等因素的综合影响，其水分来源状况视具体情况而不同。研究区红崖山水库是亚洲最大的沙漠水库，其水系为石羊河内陆河水系，杨树作为当地的优势人工林树种，已适应其水源情况形成了独特的用水习性。研究结果表明，在生长期间，红崖山水库附近的杨树林对降水、土壤水和地下水均有不同程度的利用，且不管降水条件如何变化，土壤水对杨树林的贡献率均最高，说明土壤水是杨树主要且相对稳定的水分来源，占总水分来源的64.20%～74.58%，平均值为 70.10%。其他水分来源按贡献率从大到小依次为地下水、降水，平均贡献率分别为 18.26%、11.64%。土壤水贡献率随距离水库的远近存在一定的差异。距离水库 0.5km 的采样点 a，土壤水贡献率明显低于远离水库的采样点 b、c 和 d。地下水贡献率较大是产生这一差异的主要因素，这也说明地下水对杨树林水分来源总结构产生直接影响。大部分植物用水研究结果显示，河岸植物倾向于利用更稳定的水分来源。研究的水系为石羊河内陆河水系，水库水量相对稳定，可持续为地下水提供补给，地下水通过毛管水的形式补给土壤，保证了研究区土壤水的稳定性，从而成为杨树的主要选择。相对稳定的地下水在补给土壤水的同时，也有一部分被杨树直接利用。

旱季和雨季杨树人工林对各潜在水源的利用率如表 5-3 所示。雨季样地 1 杨树人工林主要利用 0～30cm 和 30～50cm 的土壤水，其利用率极值分别为 31.2% 和 42.0%，从而说明这一土层是杨树人工林在雨季的主要水分来源。样地 2 在 0～30cm 和 50～130cm 土层的利用率极值分别为 34.2% 和 54.6%，说明样地 2 杨树人工林在雨季的水分来源主要处于 0～30cm 和 50～130cm 土层中。旱季样地 1 杨树人工林在 130～170cm 土层土壤水和地下水(700cm)的利用率最大(分别为 20.4%和 21.8%),这表明样地 1 杨树人工林旱季吸收的土壤水分有 20.4%和 21.8%分别来自 130～170cm 土层和地下水,从而说明这一土层是杨树人工林在旱季的主要水分来源。样地 2 旱季杨树人工林对 130～170cm 土层土壤水和地下水(700cm)的利用比例分别为 25.7%和 27.2%,说明样地 2 杨树人工林在旱季的水分来源主要处于 130～170cm 土层和地下水中。通过对植物吸水深度的比较发现,旱季植物主要吸收深层水分,主要集中在地下水和深层土壤水,雨季则多集中在浅层土壤水(0～130cm)。

表 5-3　旱季和雨季杨树人工林对各潜在水源的利用率

| 土壤深度 /cm | 样地 1 | | | | 样地 2 | | | |
| | 旱季 | | 雨季 | | 旱季 | | 雨季 | |
	利用率极值/%	频率范围/%	利用率极值/%	频率范围/%	利用率极值/%	频率范围/%	利用率极值/%	频率范围/%
0～30	10.9	0～53	31.2	0～48	8.6	0～39	34.2	0～87
30～50	12.9	0～62	42.0	0～60	20.1	0～88	4.8	0～22
50～80	14.4	0～69	9.3	0～68	8.9	0～41	29.5	0～90
80～130	19.5	0～93	7.3	0～90	9.3	0～42	25.1	0～92
130～170	20.4	0～91	7.4	0～94	25.7	0～81	3.5	0～16
地下水	21.8	0～45	2.7	0～44	27.2	0～70	2.9	0～14

杨树木质部水的 $\delta^{18}O$ 反映了降水和土壤水中 $\delta^{18}O$ 的变化。通过比较木质部水、地下水和不同深度土壤水的 $\delta^{18}O$,可以定量区分各水分来源的相对贡献率。IsoSource 结果表明,科尔沁沙地杨树人工林旱季主要利用 130cm 以下的深层土壤水、地下水和少量的浅层土壤水,雨季主要利用 0～130cm 土壤水和少量的深层土壤水。这表明在干旱的沙地生境,杨树只有适应季节性降水变化,才能够有效应对可能出现的水分胁迫,植物随环境变化,利用的水资源在时间或空间上发生变化,采用不同的水分利用策略来应对这种变化产生的水分胁迫。在干旱生态环境中,越是少雨的季节,植物越是倾向于使用比较稳定的深层土壤水和地下水。水分匮乏时,植物可以维持稳定的水分利用,进而避免生存受到威胁。植物在水分利用来源上存在较大的时空差异,生长在河岸附近的植物很少利用河水,高大成熟的树木较年轻树木更加倾向于使用深层土壤水,未退化杨树主要利用浅层土壤水,退化杨树主要利用深层土壤水和地下水。干旱区水分利用极不均匀,杨树本身是耗水量较大的树种,这说明在科尔沁沙地杨树必须有足够发达的根系才可

以使其有效地利用深层土壤水和地下水。

已有研究表明，植物对水分的吸收与植物根系的分布直接相关，根系的分布、活性直接影响植物从土壤中吸收水分的范围。杨树人工林根系在浅层土壤和深层土壤中均有分布，为杨树吸收深层土壤水和地下水提供了条件。在干旱少雨的地区，许多多年生植物的根系具有二态性，来自降雨季节的土壤水主要被植物浅层根系吸收，而来自上年冬天和春天降水的深层土壤水和地下水主要被深层根系吸收，具有二态性根系的植物在水分利用上有明显的季节性变化。在雨水较充足的季节，植物利用浅层土壤水，而在降雨少的季节并不利用来自降雨的浅层土壤水，更加倾向于利用相对稳定的深层土壤水和地下水。

在科尔沁沙地，杨树人工林林龄为 20a 左右时，4m×3m 的栽植密度过大，单位面积的蒸腾耗水量远远超过了单位面积的降水量，仅靠降水很难满足林木的正常生长。6～7 月雨季降水量充足，但是温度也随之升高，太阳辐射强，光照强度大，造成浅层土壤水大量蒸发，使得浅层土壤水根本无法满足林木生长的需求，植物只有被迫吸收深层土壤水和地下水来维持自身的水量平衡。虽然 9～10 月降水量减少，但是光照强度也随之减弱，光照时间变短，温度降低，蒸发量相对减少，杨树不仅吸收利用深层土壤水和地下水，而且还少量利用浅层土壤中的水分。杨树除了消耗部分当年的降水外，还大量地吸收利用深层土壤水和地下水进行补充。近年来，该地区降水量减少、农业灌溉超强度取水等多重因素加速地下水位下降，使水分供应不足，林木耗水量与土壤水分承载量严重失衡。在长期胁迫下，水分动力不足，无法满足上部枝条水分需求，从而导致不同程度的枯梢死亡现象。以上是该地区杨树人工林近年来发生较大范围枯梢退化的主要原因。因此，选择合理的杨树人工林栽植密度，有助于减缓植物之间水分及养分的竞争。在旱季，杨树人工林可以选择利用较深的土壤水及地下水，进而减少对表层土壤水分的消耗，而高大成熟的树木较年轻树木更加倾向于使用深层土壤水(Jackson et al., 1999)。成熟胡杨选择利用较深的土壤水及地下水时，将体内多余的水分释放到土壤表层，成熟胡杨充当了供给水分的物种，部分水分供给幼龄胡杨使用，从而保证了胡杨幼苗的生长(郝兴明等，2009)。同样，科尔沁沙地成熟的杨树也具有相似的功能，旱季杨树人工林内各层土壤含水量均大于林外各层土壤含水量，尤其是 80～170cm 土层更加显著，也从侧面解释了这一现象。因此，在干旱少雨的科尔沁地区，合理的杨树人工林林分密度和林分结构配置至关重要，不仅有利于其合理地利用各层土壤水和地下水，还有利于林分内合理的自然竞争，从而促进林木生长，这对于加速该地区杨树人工林生态系统的恢复和重建具有重要的意义(杨爱国等，2018)。

3. 农作物用水策略

人类活动、气候变化等对全球降水模式产生了深刻的影响，增加了干旱事件发生的频率和强度。全球对粮食的需求不断增加，但作物种植模式不合理，作物的过度种植也很普遍，因此许多国家和地区农田质量下降和发生土壤盐渍化等问题，严重限制了农业可持续发展。

在西北干旱区，有研究发现玉米在交替沟灌的方式下，根系吸水量主要来自干侧较深层土壤和湿侧浅层土壤(Wu et al.，2016)。李静等(2017)通过直接对比法和多源混合模型定量研究，发现青海湖流域油菜在生育期内根系吸水方式在浅层和深层土壤间发生明显的转换，而燕麦根系吸水范围却没有表现出明显的变化，在整个生育期内土壤水分利用深度在 0～30cm 变化。李惠等(2017)基于水文监测和氢氧稳定同位素方法分析了新疆棉花不同生育期及灌溉后的水分利用来源，发现棉花在整个生育期内水分利用来源存在由浅变深的规律，膜下滴灌后，棉花调整其水分利用来源，显著增加了 0～30cm 浅层土壤水的利用率。

研究中不仅应该关注农作物实际的水分通量(蒸腾)，还需要知道根系的适当湿润深度(Yang et al.，2015)。也就是说，将蒸散发分割和水源预测相结合，可以更合理地配置水资源，实现更高效的灌溉策略。IsoSource 模型结果表明，各生长期土壤水对玉米吸水的贡献率不同(图 5-9)。玉米在生长早期主要从浅层土壤获取水分，在生长后期将其水源转移到深层土壤，玉米使用的主要水源来自不超过60cm 深的土壤。玉米的水分利用模式不仅取决于其根系分布，而且还受当时水分状况的影响。通过测量发现，玉米的根系分布在 0～80cm 土层内，大部分根系集中在 0～20cm 的土层中。在苗期，由于玉米细根短，主要吸收 0～5cm 和 5～20cm土层的土壤水，贡献率分别为 57.8%和 24.6%。由于采集样品前有降水，表层土壤水大部分来源于降水，可推出玉米苗期主要利用最近的降水。拔节期玉米主要吸收 0～5cm 和 5～20cm 土层的土壤水，贡献率分别为 46.1%和 27.4%。随着玉米根系的增长，对较深层土壤水的利用率增加。玉米在抽穗期从土壤不同深处均吸收水分。7 月温度较高，土壤水蒸发强烈，同时灌溉水的补给使土壤水分条件得到充分改善，可看出玉米除利用已有土壤水分之外，也会利用附近的灌溉水。灌浆期 0～5cm、5～20cm、20～60cm 和 60～100cm 各层土壤水的贡献率分别为16.1%、35.2%、20.2%和 28.4%。由于 8 月温度持续较高，浅层土壤蒸发十分强烈，因此浅层土壤含水量大幅减少，而较深层土壤水受温度、蒸发影响较小，为玉米生长提供水分。已有研究表明，玉米在拔节期主要从 0～20cm 土层获取水分，在灌浆期将其水源延伸至 50cm，这与本小节的研究结果相似。成熟期玉米主要吸收 5～60cm 土层的土壤水，该时期无灌溉，温度降低，蒸发减弱，说明无灌溉且降水较少时，玉米依赖深层土壤水。由图 5-9 可看出，玉米在整个生长期内，根系吸水深度由浅变深，主要集中在 0~20cm，可通过在玉米的苗期和拔节期适当减小灌溉量，生长后期改变灌溉方式来提高灌溉水利用率。结合玉米不同生育期吸水深度，建议每个阶段的适当灌溉深度为拔节期前 0~5cm、抽穗期 5~20cm、灌浆期 5~60cm。在这三个生长阶段，相应的灌溉定额为 77~88mm、87~98mm 和 71~85mm。与传统的湿润深度 100cm 相比，广泛实施 60cm 的湿润深度能够节约大量水资源。假设干旱绿洲区土壤深度为 60~100cm 时平均土壤含水量为 10%，田间持水量为 15%，那么在甘肃省 399 万 hm² 的农田中，将灌溉减少到 60cm 湿润深度相当于每年节约近 1.6 亿 m³ 的水。

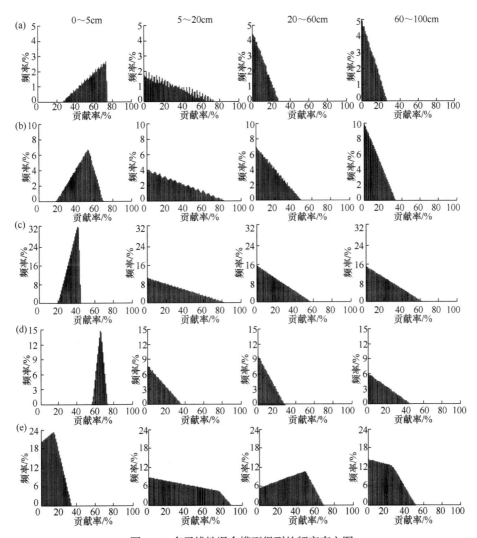

图 5-9　多元线性混合模型得到的频率直方图

(a) 5 月；(b) 6 月；(c) 7 月；(d) 8 月；(e) 9 月

一些研究表明，无论是灌溉的玉米还是非灌溉的玉米，主要水源限制在浅层。玉米对浅层土壤水分吸收的调整是对灌溉和强降水的响应(Yang et al.，2015)。玉米大部分根系集中在 0～20cm 土层，生长季主要从 0～20cm 土层吸收水分，2018 年和 2019 年灌溉后平均仅有 39.7%±1.2%的灌溉水留在这一层。因此，随着时间的推移，0～20cm 土层中保留的灌溉水比例将进一步降低。研究发现，灌溉过程中大量的灌溉水流失到玉米根系可吸收的土层范围(0～100cm)之外。2019年，玉米在整个生育期有 29.0%的灌溉水和降水流失到 100cm 以下的土层中，总共有 188.1mm 的降水和灌溉水损失而未被玉米利用。研究区降水稀少，地下水位极深，土壤水基本全部来自灌溉水的补给。与黑河流域的实验田相比，该农田面积较大，虽然总灌水量相似，但灌溉次数较多，单次灌溉量较少，但深层渗漏量比黑河流域实验田减少了 47.7mm(Yang et al.，2015)。通过对比发现，低额高频的灌溉策略能够减少灌溉水的排水。

2009 年之前，石羊河流域绿洲区地下水位平均每年下降 0.87m，直至 2011年地下水位开始回升。地下水位的升高不仅增加了排水过程中造成的养分流失，还增加了土壤盐渍化的风险。由于缺水，中下游的大量农田将被撂荒，这反过来可能会进一步加剧该地区的荒漠化。因此，干旱区玉米种植应适当调整灌溉制度。①调整单次灌溉量和灌溉频率：当地农户可降低单次灌溉量，提高灌溉频率，低额高频的灌溉可减少灌溉水的排水；②改变灌溉方式：当前灌溉方式以大水漫灌为主，根据以往研究结论，可采取交替沟灌的方式增加玉米的水分利用深度，在条件允许的情况下可适当采取喷灌或滴灌方式，减少排水和蒸发，综合提高玉米对灌溉水的利用效率。综上，减少灌溉量和开展节水灌溉系统是实现干旱区农业可持续发展的重要策略。

基于根系吸水(RWU)过程中稳定同位素(D 和 ^{18}O)不存在分馏作用的理论，如果木质部水同位素值与某一层土壤水的同位素值相似，说明小麦主要从该层土壤水中获取水分。以 $\delta^{18}O$ 分析，小麦主要吸收 0～60cm 土层的土壤水。该方法的局限性在于只能得到冬小麦的主要 RWU 深度，而不能量化不同土层的贡献率。因此，利用 MIXSIAR 模型计算不同深度土壤水对冬小麦的贡献率。MIXSIAR 模型预测，在 0～15cm 土层、0～30cm 土层、30～60cm 土层、60～100cm 土层和 100～150cm 土层中，高畦栽培(HLSC-H)小麦在采样期间的水分贡献率分别为 14.2%、35.5%、16.8%、18.8%和 14.7%。0～30cm 浅层土壤的最大贡献率为 41.9%(2018 年 5 月 18 日)，最小贡献率为 30.2%。在不同采样时段，HLSC-H 从表层土壤中取水的比例差异不显著。低畦栽培(HLSC-L)小麦在 0～30cm 土层、30～60cm 土层、60～100cm 土层和 100～150cm 土层的水分贡献率分别为 44.8%、18.6%、20.6%和 16.0%。2018 年 5 月 18 日测定的表层土壤水贡献率最大，为 53.0%，2019 年 3 月 27 日测定的表层土壤水贡献率最小，为 34.5%。HLSC-L 小麦浅层(0～30cm)土壤水贡献率在不同采样时段存在显著差异。在 HLSC-H 和 HLSC-L 下,冬小麦从浅层吸收的土壤水比例均显著高于其他土层。

土壤水同位素在 0～30cm 土层存在显著差异,有两个根本原因。一是 HLSC-H 的太阳辐射比 HLSC-L 低,这使 HLSC-L 中 ^{18}O 的蒸发富集量较高。二是在灌水或降水入渗过程中,同位素效应会在一定程度上影响两个种植位置土壤 ^{18}O 的分布。土壤水 δD 和 $\delta^{18}O$ 的垂直梯度主要受蒸发和入渗过程的影响。土壤水 ^{18}O 在表土中富集,随深度的增加而减少。此外,表层土壤中同位素与深层土壤中同位素差异较大,这一现象可能是降水减少和表层土壤水的蒸发增加导致的。因此,不同土层 δD 和 $\delta^{18}O$ 的显著差异可用于小麦水源的鉴别。

HLSC-H 和 HLSC-L 的冬小麦茎水 $\delta^{18}O$ 没有差异,而同位素在不同采样期之间变化显著。茎水的 $\delta^{18}O$ 与 0～60cm 土层土壤水的 $\delta^{18}O$ 接近,表明小麦主要从 0～60cm 土层中获取水分。此外,不同生长阶段的 RWU 差异不显著。相比之下,HLSC-L 的小麦在生长季节主要从浅层土壤(0～30cm)取水,并且在取样期间浅层土壤水的贡献率发生了显著变化。对于其他土层,取样期间贡献率变化不大。HLSC-L 小麦中来自浅层的 RWU 比例都高于 HLSC-H 小麦,这种差异可能是因为与 HLSC-H 相比 HLSC-L 的土壤水可用性更高,HLSC-L 小麦比 HLSC-H 小麦更容易收获雨水和灌溉水。无论是 HLSC-H 还是 HLSC-L,冬小麦主要从 0～60cm 土层中吸水,这表明 HLSC-H 和 HLSC-L 的小麦之间可能存在对土壤水的竞争。因此,应使用同位素示踪法来揭示土壤水的竞争关系,未来应研究种植密度和施肥量对小麦 RWU 的影响。有研究发现,小麦 RWU 在平地栽培条件下表现出更好的适应性,即冬小麦在拔节期主要从 0～20cm 土层中获取土壤水分,并且随着季节的推移深度增加,灌浆期深度达到 150cm(Ma et al.,2018)。种植模式显著改变了作物的根系分布及灌溉水和降水的渗透,影响了不同土层中土壤水对作物所需水量的贡献率。例如,在不同的栽培处理下,玉米 RWU 模式发生了显著变化,RWU 变化是生育期根系形态差异形成的,因此有必要研究 RWU 与根系分布之间的关系。

根系分布在生育期的水分吸收中起着关键作用。小麦具有丰富的根系,大多数根生长在 0～60cm 土层中,这在很大程度上决定了水分利用模式。此外,根系分布是决定雨季水分吸收的主要因素,土壤有效水是干旱期水分利用的主要决定因素。这一现象表明,RWU 受土壤含水量和根系分布的影响。

5.2.3 干旱区蒸散发分割

在全球变暖的大背景下,干旱发生的频率和强度都会显著上升。干旱胁迫下的生态系统动态变化特征及响应机制,已成为生态环境可持续发展的热点问题之一。评估干旱程度，常用干旱指数方法，多种干旱指数已经广泛应用于干旱风险识别、水资源管理等领域。当干旱导致的水分胁迫严重时，水通量是影响干旱、半干旱区生态系统物种组成和植被生产力的最关键参数。作为陆地水循环的重要组成部分，蒸散发是干旱区最主要的水分损失途径，主要包括土壤水分蒸发和植被水分蒸腾。植物蒸腾和土壤蒸发是下垫面蒸散发的主体，影响大气界面水分和能量平衡，因此蒸散发分割有助于更好地理解土壤、植物、大气间的水汽交换过程，有效揭示植被耗水状况和生态系统的蒸散过程，对揭示生态系统的生态水文过程具有重要作用。面对气候变化、植被恢复工程等问题，研究蒸散发和蒸散发分割结果对于干旱的响应及区域尺度水资源的综合管理有重要意义。

有关蒸散发分割的研究方法主要有水量平衡法、微气象学法、双源模型法和空气动力学法等，由于时间和空间尺度限制及参数不易确定等问题，结果准确度相对不高。自然界中水的稳定氢同位素(^1H 和 D)和氧同位素(^{16}O 和 ^{18}O)是水文循环、生态过程和古气候研究中强有力的示踪剂，^{18}O 稳定同位素贯穿于生态系统复杂的生物、物理、化学过程中，因此能够在时间和空间尺度上综合反映生物生理生态过程对外界环境条件变化的响应。已有一些研究基于稳定同位素成功分割蒸散发。水的稳定同位素在蒸发和蒸腾的水汽物相变化过程中会发生平衡分馏和产生动力学分馏效应，使土壤蒸发水汽的同位素贫化，植物蒸腾水汽的同位素富集。当蒸腾作用较强或蒸腾处于稳态时，蒸腾水汽的同位素组成接近植物木质部水的同位素组成，因此高度分馏的土壤蒸发和分馏较少的植物蒸腾氧同位素组成存在明显差异，这成为生态系统蒸散发分割的理论依据。

在玉米整个生长期，农田蒸腾比例总是大于蒸发比例。玉米生长期蒸腾比例为 52%～93%，平均蒸腾比例为 78%。这一结果小于黑河流域绿洲农田蒸散发分割结果，其生长期蒸腾比例为 71%～96%，平均蒸腾比例为 87%。灌溉是影响实际蒸散发是否接近潜在蒸散发的关键因素之一。第 I 次灌溉到第 Ⅵ 次灌溉，即玉米幼苗后期到成熟期，蒸散发出现先增加后减少的趋势。在第 Ⅳ 次灌溉期间(玉米抽穗期)，蒸散发达到最大值；在第 Ⅵ 次灌溉期间(玉米成熟期)，蒸散发达到最小值。随着灌溉量的增多，土壤蒸发增强，这可能是因为灌水量越多，土壤表面越湿润，土壤蒸发强度越大。土壤蒸发占总蒸散发的比例 E/ET 的最大值出现在苗期，随着玉米的生长，比例减小，到成熟期后，温度降低，蒸发减弱，E/ET 略微增加。2019 年玉米生育期蒸散发为 508.7mm，平均蒸散发强度为 5.2mm/d。从不同生育期看，苗期正值春季，气温较低，植株矮小，加上有地膜覆盖，作物蒸腾量较小。相比其他生育阶段，苗期蒸腾量及强度都较小，占该阶段蒸散发的 68.4%。拔节期玉米生长加快，平均蒸腾量为 69.5mm，占该阶段蒸散发的 78.1%。抽穗期是营养生长和生殖生长的关键期，此阶段田间玉米覆盖度基本达到顶峰，平均蒸腾强度达到各生育阶段中最大值 5.7mm/d。灌浆期玉米以生殖生长为主，此阶段干物质快速形成并向穗部转移,是产量形成的关键阶段,这一阶段蒸腾量也较大,占该阶段蒸散发的 83.1%,蒸腾强度仅次于抽穗期。成熟期气温降低,无灌溉,但降水增加,玉米蒸腾量减少,占该阶段蒸散发量的 78.3%。总体来看,玉米生育期蒸腾强度抽穗期最大,灌浆期和拔节期次之,苗期和成熟期最小,表现为中间高、两头低的特性。

以往的许多研究从 ET 分割角度或者水源预测角度成功考察了农业水资源的利用(Sekiya et al.,2002)。本小节通过 ^{18}O 同位素示踪和 IsoSource 模型,确定灌溉农田 ET 分割和根系吸水模式(图 5-10)。玉米生育期灌溉水和降水输入量为 648.7mm,蒸散发为 508.7mm。根据水量平衡,土壤蓄水、排水或径流失水量为 140mm。因此,为了提高蒸腾的比例,需要在该农田中限制蒸发和其他汇项(如排水和径流)。灌水量分配结果表明,灌溉期植物蒸腾占总蒸散发的比例 T/ET 约为 79.1%,浅层土壤湿润时,玉米主要吸收 0～20cm 土层的土壤水分。非灌溉

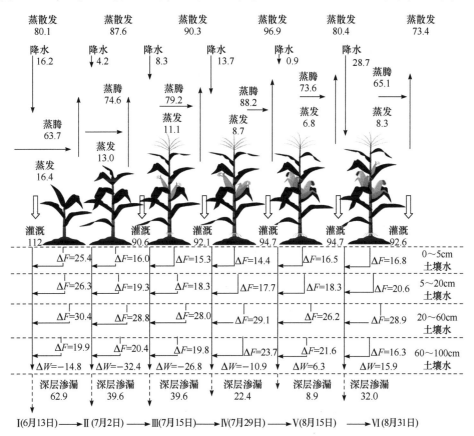

图 5-10　2019 年玉米生长季节六次灌溉后不同水通量的示意图(单位:mm)

ΔF 为上一层向下一层入渗的水量;ΔW 为一段时间内土壤储水量差值

期 T/ET 增大, 为 89.4%, 在水分胁迫条件下, 玉米主要吸收 5～60cm 土层的土壤水。

在黑河上游的青海云杉森林生态系统中, 0～10cm 土层的土壤水氧同位素值 $\delta^{18}O_S$ 介于 $-9.2‰$～$-0.46‰$, 土壤蒸发水汽氧同位素值 $\delta^{18}O_E$ 介于 $-35.9‰$～$-25.2‰$, $\delta^{18}O_E$ 小于 $\delta^{18}O_S$, 这说明浅层土壤水在蒸发过程中发生明显的同位素分馏效应, 土壤表层液态水氧同位素明显富集, 土壤蒸发水汽氧同位素发生明显贫化作用。植物蒸腾水汽氧同位素值 $\delta^{18}O_T$ 介于 $-9.0‰$～$-4.2‰$, 小于 $\delta^{18}O_S$, 蒸散发氧同位素值 $\delta^{18}O_{ET}$ 介于 $-18.5‰$～$-10.2‰$。$\delta^{18}O_{ET}$ 介于 $\delta^{18}O_E$ 和 $\delta^{18}O_T$ 之间, 即三者大小关系为 $\delta^{18}O_T > \delta^{18}O_{ET} > \delta^{18}O_E$, 这满足同位素稳态假设。植物蒸腾对蒸散发的贡献率 f_T 为 52.2%～88.4%, 土壤蒸发对蒸散发的贡献率 f_E 为 11.6%～47.8%, f_T 远大于 f_E。在黑河上游青海云杉森林生态系统中, 生态系统蒸散发的绝大部分来自植物蒸腾, 植物蒸腾水汽是生态系统蒸散发的重要组成部分(彭文丽等, 2020)。f_T 与气温之间呈负相关关系, 与相对湿度之间呈正相关关系, 但相关系数不大, 部分 f_T 与气温和相对湿度几乎没有相关性。在黑河上游青海云杉森林生态系统中, 气温对 f_T 起抑制作用, 相对湿度对 f_T 起促进作用, f_T 的控制因素并不仅仅是气温和相对湿度, 具体影响机理有待进一步深究。

参 考 文 献

陈亚宁, 李卫红, 陈亚鹏, 等, 2018. 荒漠河岸林建群植物的水分利用过程分析[J]. 干旱区研究, 35(1): 130-136.

傅旭, 吴永胜, 张颖娟, 2020. 毛乌素沙地南缘 4 种灌木生长季水分利用来源分析[J]. 内蒙古师范大学学报(自然科学汉文版), 49(3): 245-250.

郝兴明, 陈亚宁, 李卫红, 等, 2009. 胡杨根系水力提升作用的证据及其生态学意义[J]. 植物生态学报, 33(6): 1125-1131.

侯士彬, 宋献方, 于静洁, 等, 2008. 太行山区典型植被下降水入渗的稳定同位素特征分析[J]. 资源科学, 30(1): 86-92.

李惠, 梁杏, 刘延锋, 等, 2017. 基于氢氧稳定同位素识别干旱区棉花水分利用来源[J]. 地球科学, 42(5): 843-852.

李静, 吴华武, 李小雁, 等, 2017. 青海湖流域农田生态系统氢氧同位素特征及其水分利用变化研究[J]. 自然资源学报, 32(8): 1348-1359.

李雪松, 贾德彬, 钱龙娇, 等, 2018. 基于同位素技术分析不同生长季节杨树水分利用[J]. 生态学杂志, 37(3): 840-846.

马田田, 柯浩成, 李占斌, 等, 2018. 次降雨事件下雨养区典型小流域土壤水分运移规律[J]. 水土保持学报, 32(2): 80-86.

彭文丽, 赵良菊, 谢聪, 等, 2020. 黑河上游青海云杉森林生态系统蒸散发分割[J]. 冰川冻土, 42(2): 629-640.

汤显辉, 陈永乐, 李芳, 等, 2020. 水同位素分析与生态系统过程示踪: 技术、应用以及未来挑战[J]. 植物生态学报, 44(4): 350-359.

吴友杰, 杜太生, 2020. 基于氧同位素的玉米农田蒸散发估算和区分[J]. 农业工程学报, 36(4): 127-134.

肖庆礼, 黄明斌, 邵明安, 等, 2014. 黑河中游绿洲不同质地土壤水分的入渗与再分布[J]. 农业工程学报, 30(2):

124-131.

杨爱国, 付志祥, 王玲莉, 等, 2018. 科尔沁沙地杨树水分利用策略[J]. 北京林业大学学报, 40(5): 63-72.

赵良菊, 肖洪浪, 程国栋, 等, 2008. 黑河下游河岸林植物水分来源初步研究[J]. 地球学报, 29(6): 709-718.

BARNES C J, ALLISON G B, 1988. Tracing of water movement in the unsaturated zone using stable isotopes of hydrogen and oxygen[J]. Journal of Hydrology, 100(1-3): 143-176.

BENETTIN P, VOLKMANN T H M, VON FREYBERG J, et al., 2018. Effects of climatic seasonality on the isotopic composition of evaporating soil waters[J]. Hydrology and Earth System Sciences, 22(5): 2881-2890.

BRINKMANN N, SEEGER S, WEILER M, et al., 2018. Employing stable isotopes to determine the residence times of soil water and the temporal origin of water taken up by *Fagus sylvatica* and *Picea abies* in a temperate forest[J]. New Phytologist, 219(4): 1300-1313.

BRODERSEN C, POHL S, LINDENLAUB M, et al., 2000. Influence of vegetation structure on isotope content of throughfall and soil water[J]. Hydrological Processes, 14(8): 1439-1448.

CRAIG H, 1961. Isotopic variations in meteoric waters[J]. Science, 133(3465): 1702-1703.

EHLERINGER J R, PHILLIPS S L, SCHUSTER W S F, et al., 1991. Differential utilization of summer rains by desert plants[J]. Oecologia, 88(3): 430-434.

GAZIS C, FENG X, 2004. A stable isotope study of soil water: Evidence for mixing and preferential flow paths[J]. Geoderma, 2004, 119(1-2): 97-111.

GIBSON J J, BIRKS S J, EDWARDS T W D, 2008. Global prediction of δ_A and δ^2H-$\delta^{18}O$ evaporation slopes for lakes and soil water accounting for seasonality[J]. Global Biogeochemical Cycles, 22(2): 2007GB002997.

GREVE A K, ANDERSEN M S, ACWORTH R I, 2012. Monitoring the transition from preferential to matrix flow in cracking clay soil through changes in electrical anisotropy[J]. Geoderma, 179-180: 46-52.

HARDIE M A, COTCHING W E, DOYLE R B, et al., 2011. Effect of antecedent soil moisture on preferential flow in a texture-contrast soil[J]. Journal of Hydrology, 398(3-4): 191-201.

HOPP L, MCDONNELL J J, 2009. Connectivity at the hillslope scale: Identifying interactions between storm size, bedrock permeability, slope angle and soil depth[J]. Journal of Hydrology, 376(3-4): 378-391.

JACKSON P C, MEINZER F C, BUSTAMANTE M, et al., 1999. Partitioning of soil water among tree species in a Brazilian Cerrado ecosystem[J]. Tree Physiology, 19(11): 717-724.

KORTELAINEN N M, KARHU J A, 2004. Regional and seasonal trends in the oxygen and hydrogen isotope ratios of finnish groundwaters: A key for mean annual precipitation[J]. Journal of Hydrology, 285(1-4): 143-157.

LEE K S, KIM J M, LEE D R, et al., 2007. Analysis of water movement through an unsaturated soil zone in Jeju Island, Korea using stable oxygen and hydrogen isotopes[J]. Journal of Hydrology, 345(3-4): 199-211.

LI C, WANG Q, WANG N, et al., 2021. Effects of different plastic film mulching on soil hydrothermal conditions and grain-filling process in an arid irrigation district[J]. Science of the Total Environment, 795: 148886.

LI X, SHAO M, JIA X, et al., 2015. Depth persistence of the spatial pattern of soil-water storage along a small transect in the Loess Plateau of China[J]. Journal of Hydrology, 529: 685-695.

LIU Y, LIU F, XU Z, et al., 2015. Variations of soil water isotopes and effective contribution times of precipitation and throughfall to alpine soil water, in Wolong Nature Reserve, China[J]. CATENA, 126: 201-208.

MA Y, SONG X, 2018. Seasonal variations in water uptake patterns of winter wheat under different irrigation and fertilization treatments[J]. Water, 10(11): 1633.

MATHIEU R, BARIAC T, 1996. An isotopic study (^2H and ^{18}O) of water movements in clayey soils under a semiarid climate[J]. Water Resources Research, 32(4): 779-789.

MCCUTCHEON R J, MCNAMARA J P, KOHN M J, et al., 2017. An evaluation of the ecohydrological separation hypothesis in a semiarid catchment[J]. Hydrological Processes, 31(4): 783-799.

MCGUIRE K J, DEWALLE D R, GBUREK W J, 2002. Evaluation of mean residence time in subsurface waters using oxygen-18 fluctuations during drought conditions in the mid-Appalachians[J]. Journal of Hydrology, 261(1-4): 132-149.

MUELLER M H, ALAOUI A, KUELLS C, et al., 2014. Tracking water pathways in steep hillslopes by $\delta^{18}O$ depth profiles of soil water[J]. Journal of Hydrology, 2014, 519: 340-352.

NIMMO J R, CREASEY K M, PERKINS K S, et al., 2017. Preferential flow, diffuse flow, and perching in an interbedded fractured-rock unsaturated zone[J]. Hydrogeology Journal, 25(2): 421-444.

PADILLA I Y, YEH T C J, CONKLIN M H, 1999. The effect of water content on solute transport in unsaturated porous media[J]. Water Resources Research, 35(11): 3303-3313.

PERALTA-TAPIA A, SPONSELLER R A, TETZLAFF D, et al., 2015. Connecting precipitation inputs and soil flow pathways to stream water in contrasting boreal catchments[J]. Hydrological Processes, 2015, 29(16): 3546-3555.

RENSHAW C E, FENG X, SINCLAIR K J, et al., 2003. The use of stream flow routing for direct channel precipitation with isotopically-based hydrograph separations: The role of new water in stormflow generation[J]. Journal of Hydrology, 273(1-4): 205-216.

SEKIYA N, YANO K, 2002. Water acquisition from rainfall and groundwater by legume crops developing deep rooting systems determined with stable hydrogen isotope compositions of xylem waters[J]. Field Crops Research, 78(2-3): 133-139.

SPRENGER M, LEISTERT H, GIMBEL K, et al., 2016. Illuminating hydrological processes at the soil-vegetation-atmosphere interface with water stable isotopes[J]. Reviews of Geophysics, 54(3): 674-704.

SPRENGER M, TETZLAFF D, SOULSBY C, 2017. Soil water stable isotopes reveal evaporation dynamics at the soil-plant-atmosphere interface of the critical zone[J]. Hydrology and Earth System Sciences, 21(7): 3839-3858.

STUMPP C, MALOSZEWSKI P, 2010. Quantification of preferential flow and flow heterogeneities in an unsaturated soil planted with different crops using the environmental isotope $\delta^{18}O$[J]. Journal of Hydrology, 394(3-4): 407-415.

TANG K, FENG X, 2001. The effect of soil hydrology on the oxygen and hydrogen isotopic compositions of plants' source water[J]. Earth and Planetary Science Letters, 185(3-4): 355-367.

WALKER G R, HUGHES M W, ALLISON G B, et al., 1988. The movement of isotopes of water during evaporation from a bare soil surface[J]. Journal of Hydrology, 97(3-4): 181-197.

WU Y, DU T, LI F, et al., 2016. Quantification of maize water uptake from different layers and root zones under alternate furrow irrigation using stable oxygen isotope[J]. Agricultural Water Management, 168: 35-44.

XIANG W, EVARISTO J, LI Z, 2020. Recharge mechanisms of deep soil water revealed by water isotopes in deep loess deposits[J]. Geoderma, 369: 114321.

YANG B, WEN X, SUN X, 2015. Irrigation depth far exceeds water uptake depth in an oasis cropland in the middle reaches of Heihe River Basin[J]. Scientific Reports, 5(1): 15206.

ZIMMERMANN U, MÜNNICH K O, ROETHER W, et al., 1966. Tracers determine movement of soil moisture and evapotranspiration[J]. Science, 152(3720): 346-347.

第6章 气候变化和蒸散发对稳定同位素的影响

6.1 气候变化对降水稳定同位素的影响

降水稳定同位素组成的变化不仅受到局地气象因素的影响，而且还受到大尺度大气环流(Gao et al., 2018)和水汽来源的影响。d-excess 定义为$\delta D–8\times\delta^{18}O$，其只受水汽源区蒸发和气象条件的影响，因此通常被用作源区相对湿度变化或水汽来源变化的指标。

随着全球变暖，极端天气事件频发，极端天气过程中伴随着气温和降水的异常变化，同时大气环流场也存在异常变化，气象条件及环流条件的极端变化会造成降水稳定同位素记录出现异常变化，高温干旱会造成降水稳定同位素富集，低温则会促使降水稳定同位素迅速贫化。此外，d-excess 的异常变化可以反映降水过程中的非动力学分馏过程，判断降水过程中水汽来源的变化。云下二次蒸发会形成较小的 d-excess，低温过程中的强动力学分馏会形成较大的 d-excess。

6.1.1 降水稳定同位素中气候变化的信号

1970~2021 年，亚洲中部干旱区(ACA)的 LMWL 为$\delta D=(7.80\pm0.07)\delta^{18}O+(8.34\pm0.80)$($R^2$=0.96)。ACA 的斜率和截距均小于 GMWL($\delta D=8\delta^{18}O+10$)，这是因为 ACA 位于亚欧大陆腹地，远离海洋，长距离水汽输送比例高，蒸发作用强，同位素分馏作用强。根据研究区降水分布，将研究区分为雨季(5~9 月)和旱季(10 月~次年 4 月)进行分析。随着温度的升高(从旱季到雨季)，LMWL 的斜率和截距减小，说明旱季的蒸发和分馏作用较弱。

图 3-13 为 ACA 的 LMWL 的斜率和截距随时间的变化。1971~1987 年，ACA 的 LMWL 截距较大，表明 ACA 受到内陆水汽反复循环的影响。1986 年以来，ACA 斜率逐渐接近 8，截距超过 10。1988 年，ACA 的斜率已超过 8，截距已超过 10，表明 ACA1988 年以来一直在弱蒸发。1988~1998 年，高原季风和东亚季风对 ACA 的影响较西风强，此时可降水量增加。由于潮湿海洋气团带来水汽，云下蒸发较弱，斜率和截距较大。1988 年以来，可降水量减少，西风占主导地位，带来干燥的大陆水汽，雨滴蒸发量开始增加，斜率和截距减小。旱季 LMWL 斜率和截距的变化较雨季平缓，雨季 LMWL 斜率和截距的变化波动较大。1985 年以来，LMWL 斜率和截距均大于 GMWL，表明降水同位素在旱季受到云下蒸发

的影响较小。

6.1.2 寒潮期间降水稳定同位素的特征

气候变暖背景下，极端气候事件频发。与气候平均态相比，极端气候事件的发生更具反常性、突发性和不可预见性，其对气候变化响应也更为敏感。寒潮作为最主要的极端低温事件，对社会经济、生态系统及人类健康的影响最为明显也最为直接，成为最主要的气象灾害之一。在气候变暖背景下，生态系统对极端低温事件的脆弱性逐渐增加，因此关注极端低温(如寒潮)的时空变化特征及其归因研究对生态系统健康可持续发展显得尤为重要。

寒潮，也称冬季偏北季风潮，是东亚冬季风的主要子系统之一，也是中高纬度地区常见的低温天气，寒潮期间常伴随着急剧的降温、大风、降雨和降雪。寒潮天气主要是来自高纬度地区的干冷气团快速向低纬度地区移动，在途经地区造成降温及雨雪天气。20 世纪 80 年代初以来，我国东南部的寒潮发生率略有增加，但与前几十年相比平均温度升高。气候耦合模型相互比较项目的第五阶段实验 (CMIP5)的气候模式预测表明，在气候变暖的情况下，21 世纪后期会出现类似的趋势。

东亚寒潮的发生频率显示出与厄尔尼诺-南方涛动(ENSO)周期一致的年际变化。也就是说，在温暖(寒冷)的 ENSO 冬季，寒潮发生的频率更高(更低)。由于寒潮与高层大气短波耦合，任何调节这些短波活动的机制都会影响冷涌活动。短波区的流函数收支分析表明，东亚和西北太平洋上冷涌短波列的发展受北太平洋 ENSO 短波列的调制。

随着全球变暖，寒潮发生的频次及强度将会增大，寒潮天气条件下形成的降水稳定同位素组成与其他时期明显不同，受降温及同位素动力学分馏影响，降水稳定同位素更加贫化，寒潮降水大气水线斜率和截距更大，寒潮降水 d-excess 更小。寒潮期间降水稳定同位素损耗明显，降水 ^{18}O 和 D 较寒潮前后贫化 6‰以上，这与寒潮期间北冰洋极地水汽增加有关。寒潮期间降水大气水线 ($\delta D=8.41\delta^{18}O+19.24$)的截距和斜率均大于亚欧大陆局地大气水线及非寒潮入侵地区的局地大气水线，说明寒潮降水过程中气温低而相对湿度高，符合当时的天气特征。寒潮期间降水 d-excess 小于非寒潮期间，这表明寒潮期间降水水汽来自海洋的低温洋面。

6.1.3 极端降水期间降水稳定同位素的特征

极端降水是指短时间内的高强度降水，常见于热带气旋等发生在热带地区的强对流天气系统中。随着全球气候变化，全球极端降水在总体上呈现增加趋势，在不同区域增加趋势有所不同。极端降水事件的特征是降水强度大，同时伴随环流系统的变化，通常以气旋为主要控制系统，这使得极端降水稳定同位素与其他降水之间存在显著差异。全球变暖会大幅增加极端日降水量，但人们很少关注这些极端事件的季节性时间变化，通过模型再现观察到的季节性时间，表明在过去的一百年里季节性变化很小。

Marelle 等(2018)使用从 19 世纪末到 21 世纪末的全球和区域气候模型进行模拟，预测表明极端的未来气候变化可能改变这些极端降水事件的季节性时间。模型显示，极端降水可能在气候变暖时出现，在大多数地区从夏季和初秋向秋季和冬季转移，但这种变化的幅度在不同地区之间也可能有很大差异。一方面，模型显示亚洲、大洋洲和热带地区变化不大；另一方面，欧洲、非洲、南美洲和高纬度地区可能会出现显著的变化。在分析的地区中，这些变化在北欧和美国东北部尤为明显(分别为+12d 和+17d)，但在局部地区，极端日降水量的时间可能会比现在的情况偏移一个多月。

全球约三分之二的站点出现极端降水增加的情况，包括北美洲中部、北美洲东部、北欧、俄罗斯远东、中亚东部和东亚在内的区域。用全球平均表面温度(GMST)作为协变量，将极端降水拟合到广义极值分布，再次证实了极端降水和温度之间在统计学上的显著联系。

在干旱区，极端降水氢氧稳定同位素较其他类型降水更贫化，其氢氧稳定同位素值均为负值。此外，极端降水稳定同位素也存在夏秋季节富集而冬春季节贫化的时间变化。极端降水中氢氧稳定同位素值随温度的变化率均低于其他降水，表明极端降水发生过程中，低气温和高降水量会削弱温度效应。而且，极端降水稳定同位素也表现出明显的"降水量效应"，即极端降水稳定同位素值随降水总量的变化梯度均高于其他降水。此外，极端降水局地大气水线的斜率和截距大于其他降水局地大气水线及全球大气水线。

6.1.4　干旱期间降水稳定同位素的特征

全球气候模型显示，全球局部地区未来高温干旱将变得更强烈、更频繁、持续时间更长。观测结果和模型显示，目前高温干旱与温室气体持续增加密切相关，这意味着未来几十年内全球发生更为严重高温干旱的可能性更大。

通过分析最高温度(TX90pct)、最低温度(TN90pct)和平均温度(EHF)的三个指数，研究事件强度、频率和持续时间。不管采用哪种指数，热浪/暖期的强度、频率和持续时间都有所增加。此外，TX90pct 和 TN90pct 得到的趋势更大，对暖期更有意义，这意味着非夏季高温事件正在推动一些地区的年度趋势。

随着全球气候变暖，全球干旱事件的数量及强度均在增加，干旱事件主要是受反气旋控制及陆地-大气耦合作用的控制。高压系统控制下，空气下沉过程中绝热升温，为了平衡这种升温，土壤中的水分不断析出，使得地表更加干燥，干燥的土壤及持续的高压控制是干旱的主要原因。干旱期间特殊的天气条件和环流条件使得干旱期间降水稳定同位素具有一定的特征。

从全球范围来看，干旱期间降水稳定同位素较其他降水更加富集，干旱期间降水局地大气水线的斜率和截距均小于其他降水局地大气水线，这可能与干旱期间的高温及干燥的气象条件有关。干旱期间，雨滴在从云底到地面的过程中发生了云下二次蒸发，云下二次蒸发会造成降水稳定同位素富集，同时也会造成大气水线的斜率和截距小于其他降水。

6.2　蒸散发变化对稳定同位素的影响

6.2.1　山区蒸散发变化对稳定同位素的影响

计算了2018～2020年4～10月祁连山区青海云杉植物蒸腾对于蒸散发的贡献率，即T/ET，并结合同期植物木质部水、浅层(0～10cm)土壤水的$\delta^{18}O$进行分析。结果发现，落叶树的冠层闭合显著影响了整个生态系统的蒸散发(图6-1)。4月和5月，随着气温升高，地表植被生长较弱，生态系统内土壤蒸发比例较高，而植

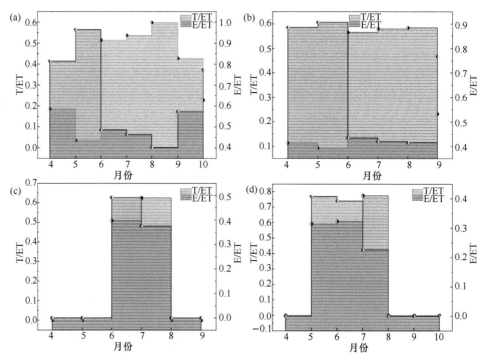

图 6-1　T 和 E 对蒸散量的贡献

(a) 气象站；(b) 护林；(c) 宁缠；(d)隧道

物蒸腾比例相对较低。在 6~8 月的雨季，植被生长旺盛，蒸腾作用在 7 月达到高峰。在 9 月和 10 月，随着温度、相对湿度和降水量的逐渐减少，落叶树叶枯萎。在较低海拔地区，T/ET 在 0.20~0.70 波动；而在树线以上，T/ET 在 0.20~0.80 以类似的模式波动。总体而言，夏季是蒸腾作用的高峰期，土壤蒸发的贡献率最小(彭文丽等，2020)。

6.2.2　绿洲蒸散发变化对稳定同位素的影响

农田面积占民勤绿洲区面积的 87%，西北师范大学石羊河流域生态环境综合观测研究站实验田位于民勤绿洲中部大滩乡北东村(38°47′29″N，103°13′52″E)。实验田长 67m，宽 26m，周围有道路、灌溉渠和田坎。在玉米生育期共进行 6 次灌溉，灌溉水源为地下井水与渠水。实验田附近地下水位埋深 15~30m，超过了地下水位蒸发极限。灌溉方式为漫灌。HZQP-D IC 卡智能配水终端是泵式井灌控制系统的核心设备，用户只需刷卡即可操作灌溉电动井取水，并可在停水时记录灌溉水量。HZQP-D 为水计量站型号，用于监测灌溉水量。实验田覆盖塑料薄膜宽度为 115cm，厚度为 0.012mm，间隔 40cm 以防止水分蒸发。塑料薄膜的原始宽度为 140cm，左右各取 12.5cm 埋在土里。对比实验中，覆盖面积占 76%，未覆盖面积占 24%。

2019 年大滩乡玉米试验田整个生长期内 T/ET 为 67.69%，在苗期，E/ET 为 61.66%，T/ET 为 38.34%。在 5 月下旬到 6 月上旬，在民勤绿洲大滩乡玉米试验田的农田蒸散发中，T/ET 和 E/ET 基本相同。拔节期是玉米生长发育的重要节点，在这个阶段玉米叶片、茎节等营养器官旺盛生长，雌雄穗等生殖器官强烈分化与形成，是玉米一生中生长发育旺盛的阶段，T/ET 开始超过 E/ET，并持续增长。玉米抽穗-灌浆期是一年中温度最高的时期，也是光照最长的时期，玉米蒸腾速率最快，在抽穗-灌浆期玉米 T/ET 已增长至 90% 左右，E/ET 在 10% 左右。进入成熟期后玉米农田生态系统 T/ET 开始下降，其中成熟期前期（乳熟期、蜡熟期）T/ET 仍然较高，后期（完熟期之后）玉米植株中下部的叶片会变黄，基部叶片干枯，蒸腾作用开始减弱(吴友杰等，2020)（表 6-1）。

表 6-1　大滩乡农田生态系统生长期蒸散发分割

生长期	日期	δ_{ET}/‰	δ_E/‰	δ_T/‰	(T/ET)/%
	2019/4/28	−23.66	−36.08	−2.96	37.50
	2019/4/30	−25.02	−36.38	−4.03	35.12
苗期	2019/5/1	−22.78	−37.66	1.56	37.94
	2019/5/8	−25.49	−38.15	−1.13	34.20
	2019/5/24	−18.59	−37.11	2.37	46.91

续表

生长期	日期	δ_{ET}/‰	δ_E/‰	δ_T/‰	(T/ET)/%
拔节期	2019/6/9	−15.87	−34.76	−1.90	57.50
	2019/6/21	−14.14	−35.13	−4.38	68.24
	2019/6/28	−14.70	−34.88	−4.59	66.62
	2019/6/29	−12.88	−34.73	−5.40	74.49
抽穗期	2019/7/28	−9.87	−33.03	−6.71	87.99
灌浆期	2019/8/9	−10.32	−32.48	−7.75	89.61
	2019/8/10	−7.74	−32.47	−5.68	92.30
成熟期	2019/8/30	−7.90	−32.97	−6.39	94.31
	2019/9/9	−6.60	−36.66	−2.63	88.33
	2019/9/10	−8.61	−36.51	−4.73	87.79
	2019/9/17	−8.70	−37.09	−3.40	84.25

注：δ_{ET} 为蒸散发水汽稳定同位素值；δ_E 为土壤蒸发水汽稳定同位素值；δ_T 为植物蒸腾水汽稳定同位素值。

6.2.3 荒漠蒸散发变化对稳定同位素的影响

2019 年青土湖荒漠生态系统中白刺生长期内 T/ET 平均值为 40.69%，6 月 21 日出现异常低值，仅为 12.78%，这主要是受当天降水的影响，说明降水对荒漠生态系统的蒸散发影响十分强烈，荒漠地区紧接降水之后的土壤蒸发量是非常高的。排除 6 月 21 日异常低值之后，白刺整个生长期内平均 T/ET 达到了 45.34%，E/ET 仍然大于 T/ET。主要原因是荒漠生态系统中植被稀疏，土壤蒸发不受植株遮阴的影响，且白刺灌丛耐旱性强，植物蒸腾量较小。荒漠地区降水稀少，浅层土壤含水量较少，蒸发量主要来源于沿着土壤中毛细管上涌的深层土壤水或地下水，因此尽管 E/ET 大于 T/ET，但并没有大很多(表 6-2)。

表 6-2　青土湖荒漠生态系统白刺生长期蒸散发分割

日期	δ_{ET}/‰	δ_E/‰	δ_T/‰	(T/ET)/%
2019/4/18	−18.36	−32.55	9.09	34.08
2019/5/24	−13.67	−32.05	1.59	54.63
2019/6/21	−23.65	−27.36	1.65	12.78
2019/7/28	−22.84	−36.78	−3.08	41.35
2019/8/20	−19.70	−31.72	−3.15	42.09
2019/9/20	−14.75	−36.04	1.90	56.11
2019/10/7	−20.78	−36.51	−0.57	43.76

6.2.4　流域蒸散发变化对土壤水稳定同位素的影响

在干旱河源区，土壤水的补给主要来自降水。局地大气水线的斜率可以反映局地蒸发的强弱。由于大气温度低、云底低、饱和水汽损失小，降水过程中高山草甸层受二次蒸发的影响较小，LMWL 的斜率(8.4)甚至大于 GMWL 的斜率(Hughes et al.，2012)。随着海拔的降低，云下二次蒸发增强，各植被带的 LMWL 斜率减小(Pang et al.，2011)。SWL 的斜率可以反映各植被带土壤水分蒸发的强度。4 个植被带的蒸发强度结果均遵循山地草原(SWL 斜率为 3.4)>落叶林(SWL 斜率为 4.1)>针叶林(SWL 斜率为 4.7)>高山草甸(SWL 斜率为 6.4)。不同植被区土壤剖面 lc-excess 的动态变化反映了研究期间干旱引起的土壤水分蒸发过程。高山草甸的 lc-excess 月平均值小于 0，最小值为–11.9‰(7 月)。植被带虽然每月都有不同程度的蒸发，但受干旱影响较小，蒸发难以渗透到中下层土壤。4～6 月针叶林的 lc-excess 小于高山草甸。7 月的蒸发量最大。蒸发主要发生在针叶林的表层土壤中。山地草原的植被覆盖度低，干旱环境使表层土壤同位素产生强烈的蒸发信号(lc-excess 接近–40‰)。在大多数样品中，60～80cm 土层的 lc-excess 为负值，蒸发信号转移到土壤下层(Barnes et al.，1988；Zimmermann et al.，1966)。在地中海和干旱气候区也发现了类似的蒸发信号(McCutcheon et al.，2017；Sprenger et al.，2016)。蒸发信号仅存在于湿润地区的表层土壤中，20cm 以下土层中的 lc-excess 接近于 0(Sprenger et al.，2017)。4～6 月落叶林的月蒸发量小于山地草原，7 月以后大于山地草原，主要受植被和径流的影响。不同植被带土壤水分变化具有一定的共性，表现为同位素富集程度较高，蒸发信号较强，浅层土壤含水量较低。随着土壤深度的增加，同位素逐渐耗尽，蒸发信号逐渐减弱直至消失。不同植被带非饱和土壤中同位素值、lc-excess 和质量含水量存在差异。从高海拔到低海拔地区，地表同位素值逐渐增加，蒸发信号增强(图 6-2)。

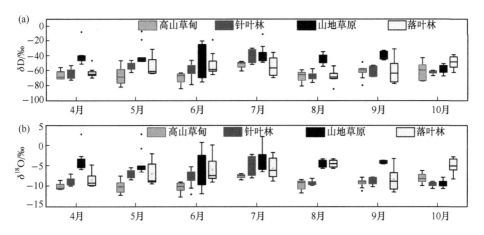

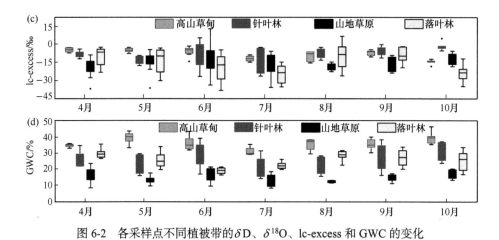

图 6-2　各采样点不同植被带的 δD、$\delta^{18}O$、lc-excess 和 GWC 的变化

参 考 文 献

彭文丽, 赵良菊, 谢聪, 等, 2020. 黑河上游青海云杉森林生态系统蒸散发分割[J]. 冰川冻土, 42(2): 629-640.

吴友杰, 杜太生, 2020. 基于氧同位素的玉米农田蒸散发估算和区分[J]. 农业工程学报, 36(4): 127-134.

BARNES C J, ALLISON G B, 1988. Tracing of water movement in the unsaturated zone using stable isotopes of hydrogen and oxygen[J]. Journal of Hydrology, 100(1-3): 143-176.

GAO J, HE Y, MASSON-DELMOTTE V, et al., 2018. ENSO effects on annual variations of summer precipitation stable isotopes in Lhasa, Southern Tibetan Plateau[J]. Journal of Climate, 31(3): 1173-1182.

HUGHES C E, CRAWFORD J, 2012. A new precipitation weighted method for determining the meteoric water line for hydrological applications demonstrated using Australian and global GNIP data[J]. Journal of Hydrology, 464-465: 344-351.

MARELLE L, MYHRE G, HODNEBROG Ø, et al., 2018. The changing seasonality of extreme daily precipitation[J]. Geophysical Research Letters, 45(20): 11352-11360.

MCCUTCHEON R J, MCNAMARA J P, KOHN M J, et al., 2017. An evaluation of the ecohydrological separation hypothesis in a semiarid catchment[J]. Hydrological Processes, 31(4): 783-799.

PANG Z, KONG Y, FROEHLICH K, et al., 2011. Processes affecting isotopes in precipitation of an arid region[J]. Tellus B: Chemical and Physical Meteorology, 63(3): 352-359.

SPRENGER M, LEISTERT H, GIMBEL K, et al., 2016. Illuminating hydrological processes at the soil-vegetation-atmosphere interface with water stable isotopes[J]. Reviews of Geophysics, 54(3): 674-704.

SPRENGER M, TETZLAFF D, SOULSBY C, 2017. Soil water stable isotopes reveal evaporation dynamics at the soil-plant-atmosphere interface of the critical zone[J]. Hydrology and Earth System Sciences, 21(7): 3839-3858.

ZIMMERMANN U, MÜNNICH K O, ROETHER W, et al., 1966. Tracers determine movement of soil moisture and evapotranspiration[J]. Science, 152(3720): 346-347.

第7章 人类活动对稳定同位素的影响

7.1 水库建设对水循环的影响

在过去的几十年里，人口的快速增长和经济的不断发展增加了对水和能源的需求，人们建设了大量的水利设施。据统计，水库影响了世界上 70%以上的河流，全球水库的累计蓄水量超过了每年流入海洋径流量的 1/6。水库带来的经济和社会价值显而易见，但用水成本和生态影响也引起了社会的广泛关注。在发展中国家，人口的快速增加和经济迅速发展增加了对水力发电和农业水库的需求。稳定的水资源对于维持干旱区脆弱的农业生产和生态系统功能至关重要。因此，有必要通过人工储存等方法对水资源进行调度和配置。水库和湖泊等开放水域表面的蒸发是水循环的一个组成部分。表面积大是旱地农业水库的典型特征，这意味着水资源会通过水库表面产生巨大的蒸发损失，这种蒸发损失占了灌溉季节管理水总量的很大一部分。

从本质上说，水库用蒸发更强烈的蓄水表面取代了原来的陆地表面(如林地、沼泽、农田和荒漠地区)，这可以显著改变原始的水平衡要素(蒸发、渗透、降水、地下水和径流)及其时空格局。大坝和水库的水资源管理使河流水文特征发生变化。水库建设使蓄水量增加，并可能加剧水库水的季节性热分层。随着水库蓄水，河流洪峰降低，下游流型发生改变，从而河流的总径流发生了变化，流域水文条件和水资源稳定性进一步发生变化。许多研究认为，水库可以影响其所在地区的水分循环模式。除了对个别大坝和水库的研究外，梯级大坝对水循环影响的研究也不断出现。总的来说，有必要更全面地考虑干旱区水库对水循环系统和人类福祉的影响，以充分了解和促进水资源的可持续性。

7.1.1 水库和河水稳定同位素组成的变化

石羊河流域河水的同位素从上游到下游逐渐富集，但农业大中型水库改变了这种固有模式，使水库周围河水的同位素尤其富集。具体来说，水库采样点的平均同位素值高于整个流域河水的平均同位素值(表 7-1)。石羊河流域天然河水δD的平均值为–54.8‰，西营水库平均值为–54.8‰，红崖山水库平均值为–52.3‰，青土湖平均值为–13.3‰，这表明水库内部和周围的地表水蒸发增强，水库之间的蒸发量不同。青土湖同位素的富集程度最强(δD=–13.3‰)，表明其蒸发量最大。

西营水库的同位素贫化($\delta D=-54.8‰$)，说明蒸发的影响较小。此外，比较了三个水库在春季、夏季和秋季的 d-excess，并分析了同位素值的正态分布曲线[图 7-1(i)、(ii)和(iii)]。结果表明，三个水库的 d-excess 在夏季最小，春秋两季都比夏季大。这表明三个水库的稳定同位素在夏季最丰富，在春季和秋季更贫化。

表 7-1　3 个农业水库与天然河水的同位素值比较

水库与天然河水	采样点	年平均		春季		夏季		秋季	
		$\delta D/‰$	$\delta^{18}O/‰$	$\delta D/‰$	$\delta^{18}O/‰$	$\delta D/‰$	$\delta^{18}O/‰$	$\delta D/‰$	$\delta^{18}O/‰$
西营水库	入口	−56.5	−9.3	−57.6	−9.3	−55.9	−9.3	−58.1	−9.4
	水库中	−54.8	−9	−54.5	−9	−59.4	−9.8	−54.3	−8.8
	出口	−51.6	−8.9	−55.2	−8.9	−50.1	−8.9	−49.3	−9
红崖山水库	入口	−55.1	−8.3	−58.8	−8.4	−53	−8.1	−51.1	−8.6
	水库中	−52.3	−7.4	−55.9	−7.9	−49.2	−7.2	−54.2	−8.5
	出口	−51.7	−7.9	−52	−8	−50.7	−7.7	−53.5	−8.1
青土湖	湖中	−13.3	1.4	−14.1	1.2	11.7	8.1	−30.6	−3
天然河水	平均	−54.8	−9.1	−55.2	−9.1	−53.9	−9.3	−53.9	−9.1

石羊河流域 4 个采样点水库出口的水同位素值均高于入口，表明地表水进入水库区域后经历了显著的蒸发过程。与入口相比，西营水库出口 δD 和 $\delta^{18}O$ 分别增加了 4.9‰和 0.4‰，红崖山水库出口 δD 和 $\delta^{18}O$ 分别增加了 3.4‰和 0.4‰。水库入口的 δD 和 $\delta^{18}O$ 均小于出口，表明水库的蒸发量较大(图 7-1)。

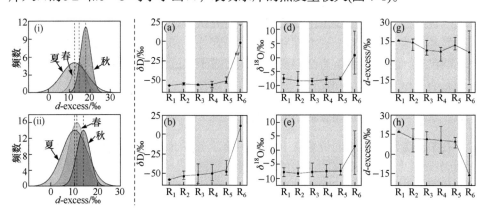

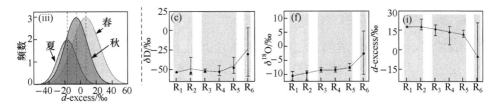

图 7-1　水库水同位素值的沿河变化

R_1、R_2 位于西营水库，R_3、R_4、R_5 位于红崖山水库，R_6 位于青土湖；i、ii、iii 分别为春季、夏季、秋季的 d-excess
频数图；(a)、(b)、(c) 分别为春季、夏季、秋季的 δD；(d)、(e)、(f) 分别为春季、夏季、秋季的 δ^{18}O；
(g)、(h)、(i) 分别为春季、夏季、秋季的 d-excess

对比水库水线与局地大气水线(LMWL)的斜率，水库水线的斜率远小于
LMWL。水库水线明显具有季节变化特征。水库水线的斜率春季为 3.93，夏季
为 3.28，秋季为 3.66，全年水库水线的斜率 4.19 小于河水线(RWL)的斜率
5.41(图 7-2)。

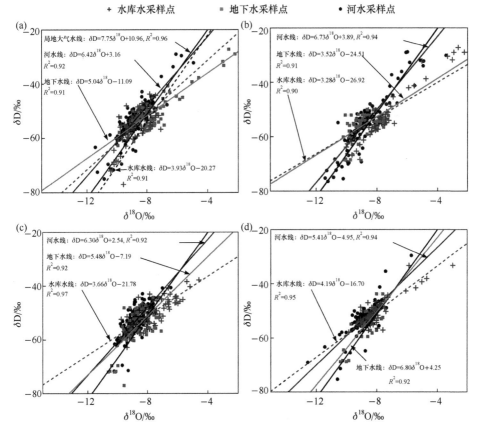

图 7-2　石羊河流域 3 个水库 δD 与 δ^{18}O 之间的关系

(a) 春季；(b) 夏季；(c) 秋季；(d) 全年

7.1.2　水库对降水的影响

　　石羊河水库周边区域的大气水线(MWL)斜率由山区到绿洲再到荒漠逐渐减小，说明水库周围降水的蒸发效应逐渐增加。西营水库(山区水库)周围大气水线斜率略大于全流域 LMWL，说明山区水库周围降水蒸发较弱。在红崖山水库(绿洲水库)中，水库周围大气水线的斜率小于 LMWL，说明绿洲水库周边降水蒸发量较大。需要注意的是，红崖山水库周围的年平均降水量为 100～150mm，水面蒸发量高达 2500mm，降水显然不足以弥补水库的蒸发损失。青土湖(荒漠水库)附近的大气水线斜率最小，表明荒漠水库周围的蒸发最强(图 7-3)。

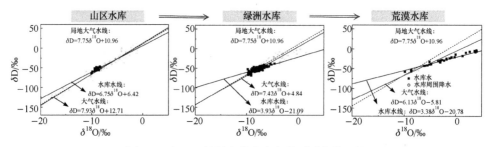

图 7-3　山区、绿洲和荒漠水库的不同水线比较

　　大量研究表明，水库对降水的贡献率是不可忽视的。因此，对山区、绿洲和荒漠三个地区的典型水库贡献率进行了估算。从季节变化的角度来看，这三个地区水库的贡献率在季风期较大，在非季风期较小(表 7-2)。具体地说，7 月贡献率最大，4 月最小。总体而言，干旱区农业大中型水库(红崖山水库)对降水的贡献率可高达 22%。

表 7-2　2019 年 4～10 月水库周围的贡献率(95%置信区间)

月份	站点	f_1/%	f_e/%	f_a/%
	青土湖	15 ± 2.3	5 ± 0.7	80 ± 5.3
4	红崖山水库	12 ± 0.8	10 ± 1.1	78 ± 8.7
	西营水库	9 ± 6.4	6 ± 1.7	85 ± 5.2
	青土湖	8 ± 1.9	11 ± 1.1	80 ± 2.4
5	红崖山水库	6 ± 4.3	12 ± 2.9	83 ± 3.6
	西营水库	9 ± 5.8	9 ± 1.2	82 ± 8.4
	青土湖	19 ± 5.3	15 ± 1.8	66 ± 4.8
6	红崖山水库	15 ± 7.1	11 ± 0.9	74 ± 2.5
	西营水库	—	—	—
7	青土湖	15 ± 6.1	12 ± 0.4	73 ± 3.5
	红崖山水库	16 ± 4.1	22 ± 4.3	62 ± 4.5

续表

月份	站点	f_t/%	f_e/%	f_a/%
7	西营水库	21 ± 13.8	13 ± 3.7	66 ± 3.9
8	青土湖	14 ± 9.8	11 ± 1.7	75 ± 8.6
	红崖山水库	18 ± 12.5	12 ± 3.2	70 ± 2.1
	西营水库	18 ± 8.9	10 ± 4.3	72 ± 6.2
9	青土湖	13 ± 4.7	8 ± 1.5	79 ± 4.3
	红崖山水库	—	—	—
	西营水库	21 ± 3.6	19 ± 3.7	60 ± 3.9
10	青土湖	8 ± 2.2	4 ± 2.7	88 ± 2.2
	红崖山水库	—	—	—
	西营水库	11 ± 2.8	6 ± 2.3	83 ± 3.0

注：f_t为蒸腾贡献率；f_e为蒸发贡献率；f_a为外来水汽贡献率。

7.1.3　水库对周围地下水的影响

通过比较石羊河水库周围地下水与水库水的δ^{18}O 和δD，以更好地了解地下水系统。水库周围的地下水采样点集中在水库水采样点附近，水库周围的地下水与水库地表水的同位素特征相似(图 7-4)，这表明水库周围的地下水是由水库水重新补给的。通过比较山区、绿洲和荒漠水库的水位(图 7-5)，证实了这一观察结果。在夏季，水库水位高于其周围的地下水位，水库水补给地下水。此外，位于 LMWL右下角的水库周围地下水采样点的同位素值表明，水库周围的地下水经历了显著的蒸发效应(图 7-4)。

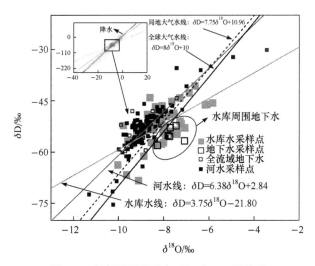

图 7-4　水库周围地下水δ^{18}O 与δD 的关系

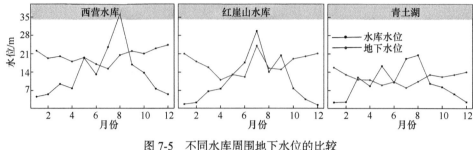

图 7-5　不同水库周围地下水位的比较

通过分析比较整个流域地下水同位素值与水库周围地下水同位素值的月变化，发现水库周围地下水同位素值的月变化与水库水位的变化密切相关(图 7-6)。流域其他采样点的地下水同位素值与水库水位没有强相关性。西营水库地表水的 δD 和 $\delta^{18}O$ 分别为−54.78‰和−9‰，周围地下水的 δD 和 $\delta^{18}O$ 分别为−57.22‰和−9.06‰。水库周围地下水的 δD 和 $\delta^{18}O$ 与水库水相似。此外，绿洲水库(红崖山水库 δD 为−55.8‰，$\delta^{18}O$ 为−7.68‰)和荒漠水库(青土湖 δD 为−55.34‰、$\delta^{18}O$ 为−9.34‰)周围地下水的 δD 和 $\delta^{18}O$ 大于水库水。未受水库影响的地下水 $\delta^{18}O$ 为−11.12‰～−9.16‰，平均值为−9.84‰，δD 为−74.73‰～−62.12‰，平均值为−67.77‰。

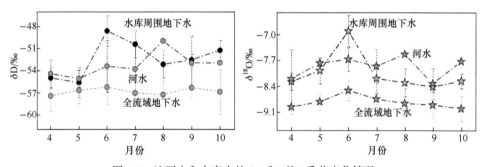

图 7-6　地下水和水库水的 δD 和 $\delta^{18}O$ 季节变化情况

7.1.4　多个水库的叠加效应

石羊河流域有四个大型水库，位于该流域的支流出口和尾闾地区，同时河流上还修建有许多小型景观坝和水库。在这些水库的叠加影响下，石羊河流域在其原始自然条件下的水文状况发生了重大变化。水库蒸发对当地降水的贡献率可高达 22%，说明水库水通过蒸发效应进入降水环节。水库水通过入渗进入地下，使水分流失。在雨季，水库水位高于地下水，导致水库水重新补充地下水(图 7-7)。水库中储存的大量水，加上内陆河流域内的蒸发效应，导致河流的水损失高达30.7%。使用流域水平衡的方法来验证这一结论。2017～2020 年，石羊河流域平均每年损失约 183.5mm 的水。

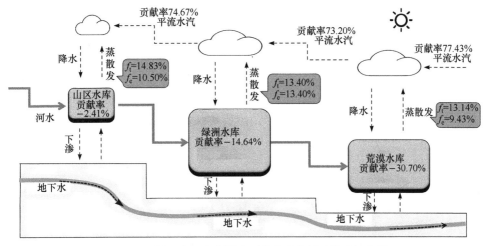

图 7-7　干旱区农业水库影响下的当地水循环模式概念图

　　多座水库对内陆水文的影响不容忽视，特别是干旱区的生产和生计强烈依赖于蓄水和引水工程。由于干旱区水资源极度稀缺，任何不适当的使用或浪费都会增加水压力。多个水库的叠加效应不仅会对当前的水文系统产生深远的影响，而且会以不同的方式(降水、地下水、大气水等)导致水资源的损失。如此巨大的水资源损失给这个干旱区已经紧张的水资源增加了严重的水资源压力和环境压力，必须充分重视如何更有效地利用水资源。

7.2　绿洲农田灌溉的影响

7.2.1　农田灌溉入渗

　　在干旱的绿洲地区，灌溉水是农田土壤水分的主要来源。了解灌溉水渗入土壤的情况是了解干旱区农田水循环过程的关键(康绍忠等，2013；贾宏伟等，2006)。民勤绿洲位于甘肃河西走廊东北部，石羊河流域下游的民勤县境内，西、北、东三面被巴丹吉林沙漠和腾格里沙漠包围，南部是红崖山和阿古拉山，是在石羊河滋养下形成的东西长 206km、南北宽 156km 的绿洲带。按照灌溉渠系的开发历史和布局，民勤绿洲可分为南部的坝区、中部及西北部的泉山区和东北部的湖区 3 个灌溉农业区，农业灌溉用水量巨大。在民勤县大滩乡北东村农田观测系统进行了灌溉观测研究，由于灌溉最后阶段的土壤水 $\delta^{18}O$ 接近灌溉前，两者之间的差异很小，因此只分析了灌溉后第一天的水入渗情况。$I_1 \sim I_6$ 六次灌溉事件(灌溉量分别为 112mm、90.6mm、92.1mm、94.7mm、94.7mm、92.6mm)后的第一天，分别有 42.3mm、26.7mm、25.5mm、24.1mm、27.6mm 和 28mm 的灌溉水渗入 0～10cm

的土层，有 31.2mm、27.8mm、27.1mm、24.1mm、31.3mm、21.3mm 的灌溉水渗入 10~50cm 的土层，50~100cm 土层渗入的灌溉水分别为 28.4mm、29.2mm、28.3mm、33.9mm、30.9mm、23.2mm。2019 年玉米生育期灌溉后的第一天，平均灌溉水量 29.9%±4.2%(29.0mm±6.7mm)、29.6%±2.9% (28.4mm±2.7mm) 和 30.3%±4.3%(29.0mm±3.5mm)分别渗透到 0~10cm、10~50cm 和 50~100cm 的土层中。10.2%±2.1%(9.6mm±2.0mm)的灌溉水渗入 1m 以下土层或因蒸发而流失(图 7-8)。

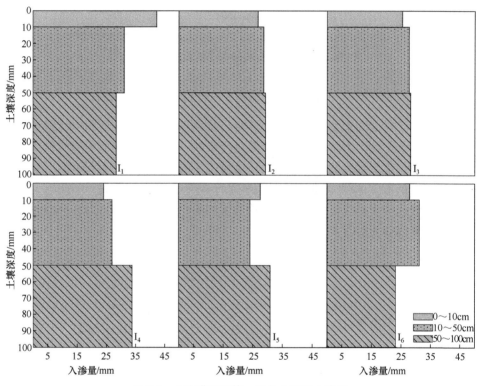

图 7-8　六次灌溉后第一天各土层的入渗量

7.2.2　农田灌溉土壤蒸发

研究发现，灌溉水的输入导致了土壤水分蒸发信号的变化。在此基础上，估算灌溉过程中地膜覆盖农田 0~20cm 土壤水同位素的蒸发损失率。在灌溉过程中(6 月 9 日~6 月 18 日)，基于 δD 计算的蒸发损失率 $f_{\delta D}$ 平均值为 19.95%±7.53%(0~5cm)、12.68%±4.59%(5~10cm)和 13.10%±5.17%(10~20cm)，基于 $\delta^{18}O$ 计算的蒸发损失率 $f_{\delta^{18}O}$ 平均值为 23.92%±9.23%(0~5cm)、16.24%±8.00%(5~10cm)和 14.56%±4.44%(10~20cm)。各层土壤的 $f_{\delta^{18}O}$ 大于 $f_{\delta D}$。与两者相比，前者具有更高的变异性。

灌溉前(6 月 9 日)，0～10cm 土层蒸发损失率较大；输入灌溉水时，0～10cm 土壤水与灌溉水混合，同位素失去分馏信号；5d 后，随着水分入渗混合结束，各土层土壤水蒸发损失率逐渐增加，逐渐恢复到灌溉前的水平。此外还发现，0～5cm 土壤水蒸发损失率显著大于 5～20cm(6 月 14 日是一个例外)，说明 0～5cm 土壤水的变异性在所有土层中最大(图 7-9)。

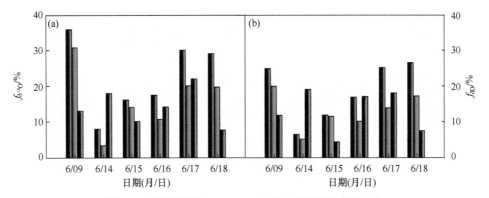

图 7-9　灌溉过程中 0～20cm 土壤水蒸发损失率的变化

(a) $f_{\delta^{18}O}$；(b) $f_{\delta D}$；每组柱状图从左往右分别表示 0～5cm 土层、5～10cm 土层、10～20cm 土层

比较了有地膜覆盖农田和无地膜覆盖农田在玉米生长期间 0～5cm 土壤水的蒸发损失率。有地膜覆盖的土壤水 $f_{\delta D}$ 和 $f_{\delta^{18}O}$ 平均值分别为 21.38%±10.54% 和 24.60%±8.31%，无地膜覆盖的土壤水 $f_{\delta D}$ 和 $f_{\delta^{18}O}$ 平均值分别为 29.40%±10.89% 和 34.27%±12.60%。可以清楚地观察到，有地膜覆盖的土壤水蒸发损失率要小于无地膜覆盖的土壤水。4～7 月，地膜可以有效地减少蒸发，并发挥保水作用。8 月和 9 月，当玉米成熟时，浓密的叶片阻断了大部分的太阳辐射，导致地膜覆盖对蒸发的减弱作用不显著(图 7-10)。

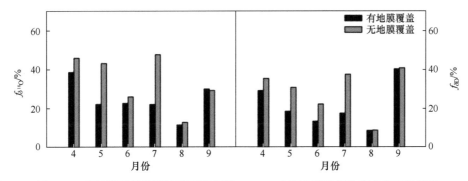

图 7-10　有地膜覆盖和无地膜覆盖农田 0～5cm 土壤水蒸发损失率的月变化情况

7.2.3　塑料覆盖层对蒸发分馏的影响

　　覆膜是造成土壤水分蒸发信号差异的重要原因。覆膜农田与未覆膜农田土壤水分亏缺的差异主要是由于覆膜减弱了表层土壤水分的蒸发。地膜就像一层薄薄的隔离层，气密性强，可以减弱土壤与大气的直接交换，从而显著减少土壤水分的蒸发。因此，与未覆膜的土壤相比，覆膜农田土壤具有较高的相对含水量，且保持湿润的时间较长。关于地膜覆盖对农田土壤水分同位素分馏的影响研究较少，根据其他覆盖物对水分蒸发的影响，可以得到一些信息。研究表明，控制土壤水分蒸发的主要手段是在土壤表面覆盖一层碎树皮覆盖物(Oerter et al., 2019)。地膜覆盖可减弱蒸发过程，起到良好的保温保水作用。地膜的反射作用虽然减弱了部分太阳辐射，但可以拦截地面辐射，从而减少地面热量的损失，起到保温作用。地膜下存在土壤水分的蒸发，蒸发的水汽会在表层土壤上积累或黏附在地膜上，从而增加表层土壤的土壤含水量。黑河地区的研究结果证明，地膜覆盖使土壤含水量和土壤温度分别增加了 1.7%±3.1% 和 0.7%±1.1%(Yang et al., 2015)。在灌水过程中，水分往往以优先流的形式渗入未覆盖土壤，快速通过浅层形成深层渗流。有地膜覆盖的土壤水分运动方式有所不同。在灌溉过程中，灌溉水大部分从预留孔隙渗入土壤，输入水多以推流形式通过土壤基质与浅层土壤混合。因此，有地膜覆盖的土壤 GWC 大于无地膜覆盖的土壤(图 7-11 和图 7-12)。虽然对土壤水蒸发损失的估计仅限于表层土壤，但大量研究表明，表层土壤蒸发信号的显著差异是影响蒸腾作用(Sprenger et al., 2016)、蒸发(Soulsby et al., 2016)或蒸散发(Harman，2015；Queloz et al., 2015)时间变化的重要因素。

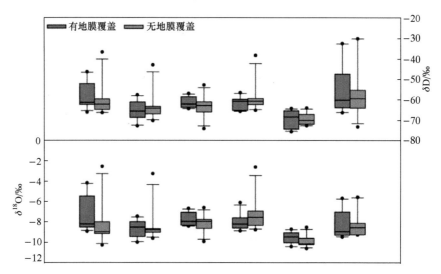

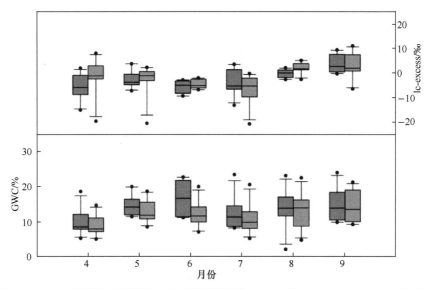

图 7-11　玉米生长季有地膜覆盖和无地膜覆盖土壤 δD、$\delta^{18}O$、lc-excess 和 GWC 的差异

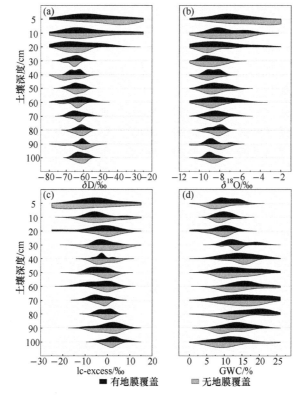

图 7-12　玉米生长季有地膜覆盖和无地膜覆盖农田土壤层的差异

(a) δD；(b) $\delta^{18}O$；(c) lc-excess；(d) GWC

7.2.4　农田灌溉管理策略

采用同位素法分析灌溉水在土壤中的运移和补给，发现干旱绿洲区农田单次灌溉水入渗深度超过作物根系吸水深度(玉米最大根深在苗期为 20cm，拔节期为 40cm，抽穗期为 60cm，灌浆期为 80cm，成熟期为 90cm。粗放灌溉方式(漫灌)效率低，使农业生产中残留的有毒有害物质随水向土壤深处迁移，造成地下水污染(Li et al.，2017a，2017b； Zhao et al.，2014)。

科学有效的灌溉方案可以补充根区的水分，同时尽量减少该深度的渗漏(Bourazanis et al.，2015；Zhang et al.，2014)。因此，准确评估土壤水分平衡要素(灌溉、排水和蒸散)对改善绿洲农田灌溉管理策略至关重要(Li et al.，2019a，2019b)。玉米根系多分布在 60cm 深度以内，在传统漫灌方式下，灌溉水对中上部土壤水分的有效贡献时间较短，这将导致农业水资源的严重浪费。滴灌系统成本高，在含盐量高的土壤上进行滴灌时，盐分会在湿润区域的边缘积累。在降水事件中，盐会在没有稀释的情况下被冲到作物的根部区域，从而损害植物的根部。膜下滴灌结合了滴灌技术和地膜覆盖技术的优点，能有效地解决上述问题(Ning et al.，2021)。滴灌只能浸润作物根系发育区，是局部灌溉的一种形式。由于滴灌强度小于土壤渗透率，不会使土壤板结。膜下滴灌量小，能使土壤中有限的水分在土壤和地膜之间循环，减少作物的蒸发。地膜覆盖还可以将少量无效降水转化为有效降水，提高降水利用率。此外，滴灌已经取代了乡村输水沟渠，减少了输水过程中的蒸发和不必要的渗漏。干旱绿洲是一个独特的生态系统，处于微妙的生态水文平衡状态(Liu et al.，2015)。在保证粮食安全、减少用水量、提高水资源利用效率和减少地下水污染的基础上，制订有效的灌溉规划是实现区域农业可持续发展的必要条件(Zhang al. et al.，2014)。

7.3　城市景观水坝建设的影响

在过去的一个世纪里，为了满足电力、灌溉和娱乐的需求，全世界修建了大量水坝，全球约三分之二的河流被水库和大坝截流。这些大坝大多是位于河流中下游的景观坝。大量的研究已表明，大坝会减少流域之间的连通性，从而对流域产生潜在的水文和生态影响。城市景观水具有面积小、水位浅、流速慢、蒸发强等特点。迄今为止，越来越多的小型大坝修建在城市河流上。在城市化进程加速的同时，小型景观坝对环境的影响越来越引起人们的关注。与大型水库类似，小型景观坝同样会改变河流的形态和水文特征。研究表明，水库蒸发造成的额外水损失约占全球河流水流量的 5%，导致一些地区的水资源大幅减少。干旱区的稳定供水对人类福祉和社会经济发展至关重要，因此有必要清楚和系统地阐明小型景观坝对干旱区特定流域的水文影响。

量化湖泊和水库等小流域的水平衡对于维持干旱区的河流水健康至关重要。有研究指出，稳定的氢氧同位素作为天然示踪剂，能准确提供泄漏点的水源信息，可以视为水体的"DNA"。干旱和半干旱区的面积约占全球土地面积的 40%，但其城市径流的研究相对缺乏，且关于干旱区城市和城郊地区水利工程对水循环影响的研究也很少。因此，迫切需要监测城市景观坝附近水循环的动态过程。

7.3.1　城市景观水坝水体同位素值的时空变化

地表水的同位素值随旱季和雨季的变化而变化(旱季为 11 月～次年 4 月，雨季为 5～10 月)(表 7-3)。在旱季，从天然河水到景观水，地表水同位素逐渐富集。天然河水的 δD 为 $-61.80‰$～$-26.50‰$，平均 δD 为 $-50.10‰$；$\delta^{18}O$ 为 $-10.27‰$～$-3.44‰$，平均 $\delta^{18}O$ 为 $-8.10‰$；d-excess 为 $2.94‰$～$30.44‰$，平均为 $14.75‰$。在雨季，地表水也从天然河水逐渐富集为景观水。景观水的 δD 为 $-61.27‰$～$-31.16‰$，平均 δD 为 $-48.90‰$；$\delta^{18}O$ 为 $-9.52‰$～$-3.41‰$，平均 $\delta^{18}O$ 为 $-8.12‰$；d-excess 为 $4.29‰$～$31.58‰$，平均为 $16.07‰$。从空间角度来看，地表水同位素从上游天然河水向中游景观水逐渐富集(图 7-13)。δD 和 $\delta^{18}O$ 的空间变化具有相似的特征。δD 为 $-61.40‰$～$-30.10‰$，平均值为 $-50.20‰$；$\delta^{18}O$ 为 $-9.60‰$～$-3.40‰$，平均值为 $-8.20‰$。

表 7-3　旱季和雨季地表水采样点位置及同位素值

采样点	经度 /°E	纬度 /°N	海拔 /m	$\delta^{18}O$/‰			δD/‰			d-excess/‰		
				旱季	雨季	均值	旱季	雨季	均值	旱季	雨季	均值
M1	102.17	37.4	2832	-8.49	-8.54	-8.51	-51.86	-48.62	-50.24	16.04	19.67	17.85
M2	102.2	37.41	2544	-8.48	-8.16	-8.32	-51.63	-48.77	-50.20	16.21	16.52	16.36
M3	102.24	37.43	2267	-8.72	-8.41	-8.56	-52.91	-48.83	-51.87	16.86	18.44	17.65
M4	102.26	37.43	2163	-8.59	-8.37	-8.48	-53.16	-50.60	-51.88	15.56	16.32	15.94
M5	102.29	37.47	1955	-8.10	-8.27	-8.18	-51.22	-49.07	-50.15	13.55	17.08	15.31
M6	102.3	37.47	1903	-8.53	-8.21	-8.37	-51.77	-49.05	-50.41	16.47	16.66	16.56
M7	102.31	37.47	1883	-7.95	-8.19	-8.07	-48.94	-50.67	-49.80	14.66	14.88	14.77
M8	102.37	37.53	1581	-7.81	-8.36	-8.08	-47.63	-50.99	-49.31	14.86	15.87	15.37
M9	102.39	37.55	1533	-7.34	-7.49	-7.41	-46.39	-47.00	-46.70	12.34	12.89	12.62
M10	102.39	37.56	1509	-7.09	-7.24	-7.17	-45.70	-45.53	-45.61	11.03	12.40	11.72

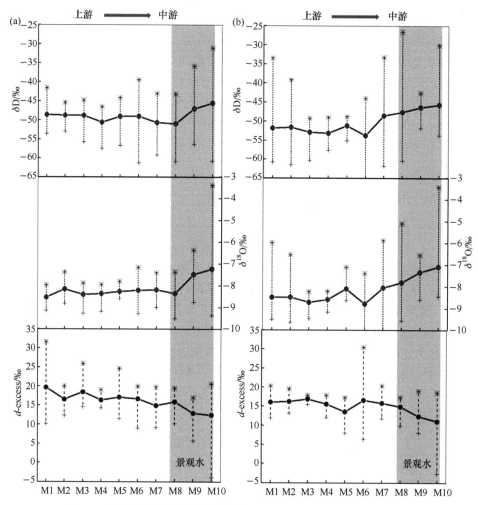

图 7-13　石羊河流域上游至中游河水 δD、δ^{18}O、d-excess 的变化情况

(a) 雨季；(b) 旱季；M8、M9、M10 为武威市凉州区城市景观水采样点

Dunnett 检验结果表明，上游天然河水的稳定氢氧同位素值与中游景观水有显著差异(P<0.05)。采样点 M1~M10 自上游向下游沿河分布。M3 的平均同位素值在整个采样点中最低(δD 和 δ^{18}O 分别为–51.87‰和–8.56‰)，M10 的平均同位素值在所有采样点中最高(δD 和 δ^{18}O 分别为–45.61‰和–7.17‰)。武威市(石羊河中游)景观水的 δD 和 δ^{18}O 均大于天然河水。在武威市采样点，出口河水(M10)的 δD 和 δ^{18}O 平均值最大(分别为–45.61‰和–7.17‰)，入口河水(M8)δD 和 δ^{18}O 平均值最小(分别为–49.31‰和–8.08‰)。与武威市的入口河水相比，出口河水的 δD 和 δ^{18}O 平均值分别增加了 4.3%和 0.91%。

d-excess 在旱季和雨季都表现出相似的特征，平均值从上游到中游逐渐下降。

在空间分异方面，*d*-excess 变化趋势与地表水氢氧稳定同位素值相反，从上游到中游逐渐减少。

7.3.2 蒸发对河水和城市景观水影响的比较

利用 HydroCalculator 软件对 2018 年武威市城市景观水和石羊河上游天然河水的蒸发损失率进行了比较(图 7-14)。分析表明，天然河水的蒸发强度在夏季较高，在冬季较低。石羊河上游天然河水的蒸发损失率基本小于 7%。城市景观水蒸发损失率多在 7%~12%，城市景观水的蒸发损失率显著大于上游天然河水，说明城市景观水的蒸发量大于上游天然河水。

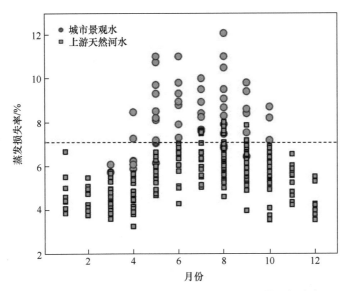

图 7-14　武威市城市景观水与上游天然河水的蒸发损失率

7.3.3 城市景观坝防渗处理对地下水的影响

在河流上修建景观坝扰乱了河流的自然状态。大坝建成后，河流原有的径流分布发生了很大的变化，地下水的自然补给也发生了变化。氢氧稳定同位素已被广泛用于准确调查大坝和水库的渗漏情况。景观水和地下水的同位素结合河流和地下水位数据，证明景观水是补给周围地下水的重要来源，景观坝蓄水引起的河流水位上升是其渗漏的主要原因。同位素证据显示(图 7-15)，城市景观水采样点的同位素值集中在 LMWL 的右下角，说明城市景观水受到蒸发的强烈影响。

全流域地下水样品的氢氧同位素值表现为 $\delta D = 6.25\delta^{18}O - 0.44$，呈线性回归；武威市地下水样品的氢氧同位素值表现为 $\delta D = 5.05\delta^{18}O - 7.84$，呈线性回归；城市景观水线为 $\delta D = 5.29\delta^{18}O - 7.20$。结果表明，地下水与景观水之间存在着密切的相

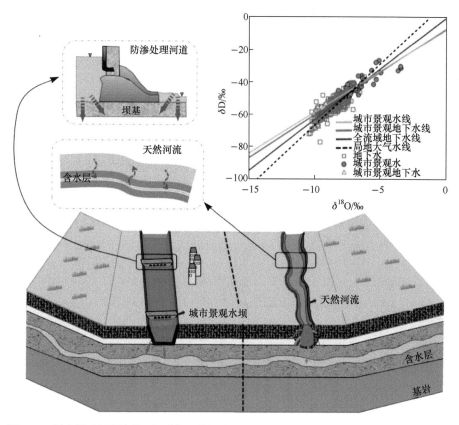

图 7-15　城市景观坝防渗处理河道与天然河流河道的地表水与地下水相互作用模型(见彩图)

互作用，说明景观坝区周围地下水稳定氢氧同位素很好地继承了当地景观水的同位素特征。也就是说，景观坝区周围的地下水动态受坝本身的影响。没有城市景观坝的天然河水附近，地下水同位素没有明显的蒸发效应和与地表水的密切相互作用，这说明来自大坝的渗漏使地表水和地下水之间产生了密切相互作用。此外，比较了 2017～2019 年附近水文站采样点的地下水位和城市景观坝区的河水水位(图 7-16)。在汛期(6～9 月)，河水水位高于地下水位，说明河水补给了地下水，进一步说明地下水由城市景观坝区渗漏产生的地表水补给。

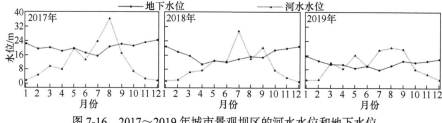

图 7-16　2017～2019 年城市景观坝区的河水水位和地下水位

7.4　流域内调水(生态输水)的影响

7.4.1　生态输水对土壤水的影响

青土湖的水主要来源于红崖山水库的生态输水，生态输水周期与红崖山水库灌溉调度周期基本一致。灌溉调度一般每年为三个时段：第一个时段是每年的 3月上旬到 4 月中旬，是春灌阶段；第二个时段是 5 月下旬到 7 月中下旬，是夏灌阶段；第三个时段是 9 月上旬到 11 月中旬，是秋灌和冬灌阶段。满足基本的灌溉需要后，其余水量均作为生态输水流入青土湖(粟晓玲等，2008)。

尾闾湖地区土壤水主要来自生态输水补给，生态输水的漫溢和渗透补给使土壤含水量与土壤水同位素发生变化(陈亚宁等，2021)。温度是影响土壤水蒸发的直接因素，一般情况下温度越高，土壤水蒸发越强烈。此外，青土湖地区的生态输水也会影响土壤水的蒸发，输水期土壤含水量较高，特别是离集水区较近的样地，受湖水漫溢影响，土壤水蒸发接近自由水面蒸发，蒸发率比较稳定。非输水期随着土壤含水量的减少，非饱和渗透系数降低，补给蒸发的水分相应减少。不同输水情况下土壤水的 δD、$\delta^{18}O$ 变化表明，非输水期土壤水同位素总是比输水期土壤水同位素富集，非输水期相对于输水期土壤水同位素差异也较大。土壤水 lc-excess 表现出了明显的蒸发信号，干旱环境中生态输水补给较少使非输水期土壤水同位素具有强烈的蒸发信号(lc-excess< −20‰)，输水期蒸发则相对较弱(lc-excess > −20‰)。输水期土壤含水量(SWC)要高于非输水期，同时输水期土壤含水量分布相对集中，而非输水期则较为分散，说明输水期土壤含水量较高且保持相对稳定，非输水期土壤含水量较少且变化较大(图 7-17)。

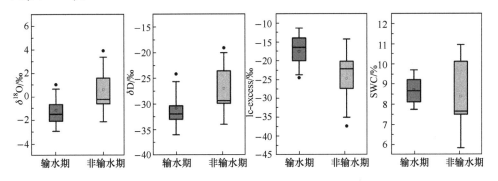

图 7-17　输水期与非输水期同位素和含水量变化特征

　　生态输水是造成干旱区尾闾湖地区土壤水分蒸发信号差异的重要原因，lc-excess 同样可以反映输水期与非输水期不同距离样地土壤水分的蒸发分馏信号强弱。5m、10m、20m、50m 距离处，非输水期土壤水分蒸发分馏信号明显大于输水期，100m 距离处则不符合这一规律，说明生态输水对土壤水分的蒸发的影响距离不超过 100m(图 7-18)。

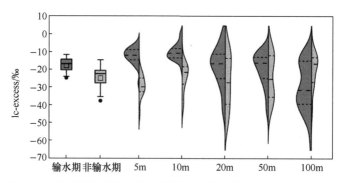

图 7-18　输水期与非输水期不同距离土壤水分 lc-excess 变化特征

7.4.2　生态输水对植被用水策略的影响

　　在确定植物吸水的主要土层后，结合湖水和降水的同位素数据，分析不同集水区距离白刺灌木的吸水来源(图 7-19)。白刺灌木对湖泊集水区附近(5m)表层土壤水的利用率最大。这是因为靠近湖泊集水区的区域，在生态输水期容易受到湖泊上涨引起的侧向渗流(侧渗)补给甚至湖泊溢流补给的影响，湖泊集水区附近的植物主要利用浅层土壤水。随着样地与人工湖面距离的增加，侧渗和溢流补给越来越少，白刺灌木对表层土壤水和湖水的吸收越来越少，逐渐转向利用深层土壤水和降水(图 7-19)，这反映了白刺灌木响应水文环境变化的水分利用策略(姜生秀等，2019)。

　　青土湖地区降水稀少，蒸发强烈，植物生长主要依靠生态输水(赵军等，2018；陈政融等，2015；董志玲等，2015)，因此，受输水周期及降水的影响，不同月份植物吸水来源变化较大。研究表明，在植物生长期内共有 4 种水分输入模式，每一种模式中植物的用水策略都不同(图 7-19)。①无输水-无降水(5月)：植物对深层土壤水的利用率增加；②有输水-无降水(4月、7月、10月)：植物利用表层土壤水(主要在 5m、10m)，对湖水的利用率增加；③无输水-有降水(8月)：植物对降水的利用率增加；④有输水-有降水(6月、9月)：植物利用表层土壤水(主要在 5m、10m)，对湖水的利用率增加，对降水的利用率相对减少。

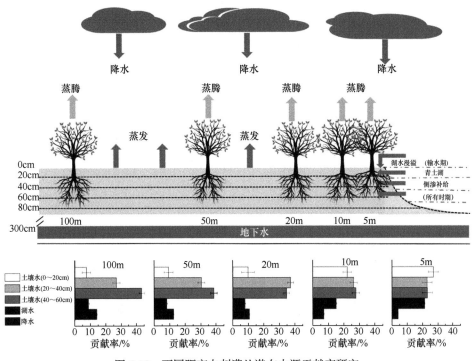

图 7-19　不同距离白刺灌丛潜在水源贡献率研究

　　总体来说，在植物生长期内，随着距离的增加，白刺灌木吸收的表层土壤水及湖水减少，逐渐转向利用更深的土壤水；在有降水的月份中，随着距离的增加，白刺灌木吸收的降水更多。降水的贡献率在小范围(100cm)内理应是没有明显距离变化的，然而由于输水周期的变化，湖水侧渗量也不同，因此降水贡献率也有了距离变化，距离湖面越近，湖水侧渗贡献率越大，降水贡献率则越小(图 7-20)。

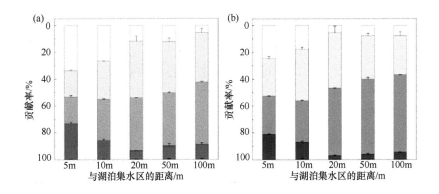

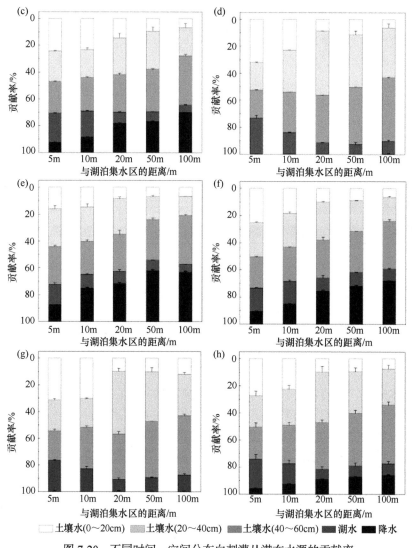

图 7-20　不同时间、空间分布白刺灌丛潜在水源的贡献率

(a) 潜在水源生长季平均贡献率；(b)～(h) 潜在水源 4～10 月各月贡献率

7.5　地下水回灌的影响

7.5.1　地下水回灌

　　地下水回灌是将地表水补充至地下含水层的过程，使其转化为可利用的地下水资源。这一过程通过人工手段，将地表水或其他水源的水注入地下，以达到补充地下水的目的，又称为地下水人工回灌或地下水人工补给。地下水回灌分为天

然回灌和人工回灌，二者的根本区别在于人工回灌建立了回灌设施，加快了渗滤速度。人工回灌根据回灌对象的不同，可分为地表水回灌、雨水回灌及城市污水二级处理出水回灌等。其回灌方式主要有两种：一是修建沟渠、塘等蓄水建筑物于透水性较好的土层上，利用水的自重进行回灌；二是采用井灌的方式进行回灌。

地下水回灌是一种有效的方法，可直接增加地下水资源量，不仅有助于治理地下水超采，还可提高水资源利用率，缓解我国水资源短缺问题，其优势表现在以下几个方面。①有效治理地下水超采。地下水超采导致地下水位持续下降，甚至引发环境地质灾害或生态环境恶化。地下水回灌通过人工补给手段，将优质地表水源直接补给至地下含水层，使补给量大于开采量，进而提高地下水位，实现采补平衡。②增加水资源可利用量。干旱区的岩溶泉水、水库防洪弃水、小流域洪水和城市雨水等零散水源，在缺乏蓄积手段和储存空间的情况下，不具备供水能力。地下水回灌工程可将这些水源人工补给至地下水库，从而增加地下水资源的可利用量。③提升水库供水能力。地表蓄水工程供水能力受来水量和保证率影响，且汛期洪水泥沙影响供水水质。通过地下水回灌工程将地表水库与地下水库连通，实现蓄优补源、调丰补缺，联合调度地表水与地下水，提升水库供水保障能力。④减轻城市防洪压力。城市化进程中，不透水面面积增加，城区降雨入渗地下减少，径流系数上升，汛期径流排出城外，导致水资源无效流失和城市排水防洪压力增大。建设地下水回灌工程后，降水被收集并注入地下含水层，既减轻城市排水防洪压力，又增加地下水入渗补给量。

7.5.2　地下水回灌引起的稳定同位素变化

研究区的农业活动对水资源的需求量很大，而有限的地表水资源已不能满足人类生活的需要。当地居民逐渐将注意力转向地下水，大量地下水被抽取用于灌溉、畜牧业和饮用。1970～1976 年，在武威、民勤绿洲进行了大规模地下水钻探。1976 年底，总井数达到 10000，抽取地下水约 8.9 亿 m³(Wang et al.，2012；Zhu et al.，2007)。2000 年，井数达到 16500，每年抽取地下水量达到 14.3 亿 m³(Ma et al.，2005)，其中约 59.18%用于农业灌溉(李海涛等，2005)。

本小节估计了蒸发前后地下水的稳定同位素值(δ^{18}O 和δD)(图 7-21)。蒸发前的δ^{18}O 范围为–11.27‰～–10.13‰，平均值为–10.75‰；蒸发前的δD 范围为–72.21‰～–65.71‰，平均值为–69.68‰。由于地下水和地表水的稳定同位素值非常接近，可以断定地表水是地下水的主要来源。此外，从图 7-21 可以看出，地表水的稳定同位素远比蒸发前的地下水丰富。在地表水补充地下水的过程中，地表水经历了一定程度的蒸发，其稳定同位素值越来越大(Han et al.，2019)。当地表水移动到地面并与原始地下水混合时，会使地下水稳定同位素富集(图 7-22)。

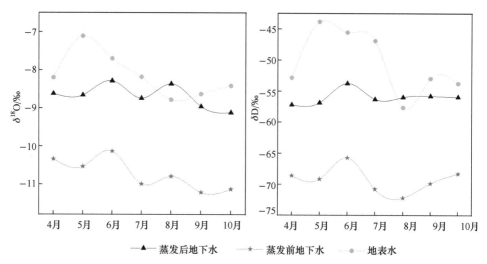

图 7-21　2018 年 4～10 月蒸发前后地下水和已蒸发地表水稳定同位素值的季节变化

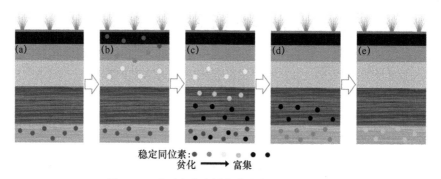

图 7-22　地下水稳定同位素富集过程概念图

(a) 回灌前地下水的初始状态；(b)～(d) 灌溉回流补给地下水过程中稳定同位素不断富集；(e) 灌溉回流与原始地下水完全混合后地下水的最终状态

　　大量开采地下水，必然会打破地下水的平衡，增加地表水对地下水的补给速度，使已经强烈蒸发的地表水补给地下水，造成地下水稳定同位素值偏大。由于该地区缺乏地表水资源，抽取的地下水主要用于农业灌溉(Hao et al., 2017；Sun et al., 2009)，研究区的主要灌溉方式为漫灌，极不合理，会因蒸发而流失大量水分。在灌溉过程中，并不是所有的水都被植物吸收。相当一部分蒸发的水会通过土壤孔隙补给地下水，与原有地下水混合，达到稳定状态。因此，地下水在抽取和回流的反复过程中，地下水的稳定同位素往往更加富集。

　　与地表水的 d-excess 相比，地下水的 d-excess 较小，这也说明地表水的蒸发比地下水强。考虑到研究区的炎热天气和超干旱环境，地表水蒸发剧烈在情理之中。对于地下水，当其埋深小于 3.8m 时存在蒸发(Luo et al., 2010)，但武威绿洲和民勤绿洲地下水埋深普遍大于 10m(Huang et al., 2020； Sun et al., 2009)，地下水蒸发不明显。因此，灌溉水回流可能是地下水蒸发较严重的主要原因。根据地下水 Cl⁻浓度与δ^{18}O 的关系(图 7-23)，也可以得出地下水中稳定同位素富集的主要原因不是主含水层的蒸发，而是灌溉水的回流，从而使同位素富集。

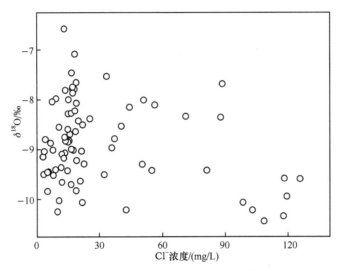

图 7-23　地下水 Cl⁻浓度与δ^{18}O 的关系

明确绿洲地区灌溉水的回流是含水层可持续管理的先决条件。Cl⁻是一种非常保守的示踪剂，常用于干旱和半干旱区的地下水补给估算。灌溉水-地下水和灌溉水-地表水的 Cl⁻浓度分别为 18.84mg/L 和 12.09mg/L。2018 年灌溉用水总量-地下水和灌溉用水总量-地表水分别约为 139.54mm 和 242.33mm。因此，地下水总补给量约为 261.92mm。

干旱区的研究表明，灌溉回流约占地下水总补给量的 70%。民勤灌溉回流量估计为 183.34mm。该值代表年灌溉用水总量的 48.01%用于灌溉回流，表明灌溉水的输入确实影响地下水的稳定同位素组成。原始地下水与灌溉回流水混合，使混合地下水的稳定同位素较富集。

参 考 文 献

陈亚宁, 吾买尔江·吾布力, 艾克热木·阿布拉, 等, 2021. 塔里木河下游近 20 a 输水的生态效益监测分析[J]. 干旱区地理, 44(3): 605-611.

陈政融, 刘世增, 刘淑娟, 等, 2015. 芦苇和白刺空间格局对青土湖生态输水的响应[J]. 草业科学, 32(12): 1960-1968.

董志玲, 徐先英, 金红喜, 等, 2015. 生态输水对石羊河尾闾湖区植被的影响[J]. 干旱区资源与环境, 29(7): 101-106.

贾宏伟, 康绍忠, 张富仓, 等, 2006. 石羊河流域平原区土壤入渗特性空间变异的研究[J]. 水科学进展, 17(4): 471-476.

姜生秀, 安富博, 马剑平, 等, 2019. 石羊河下游青土湖白刺灌丛水分来源及其对生态输水的响应[J]. 干旱区资源与环境, 33(9): 176-182.

康绍忠, 佟玲, 2013. 深刻认识区域水循环演变规律 确立合理的绿洲灌溉农业规模[J]. 中国水利, (5): 22-25.

李海涛, 许学工, 肖笃宁, 2005. 武威绿洲水资源利用分析[J]. 水土保持研究, (4): 128-131, 239.

粟晓玲, 康绍忠, 石培泽, 2008. 干旱区面向生态的水资源合理配置模型与应用[J]. 水利学报, (9): 1111-1117.

赵军, 杨建霞, 朱国锋, 2018. 生态输水对青土湖周边区域植被覆盖度的影响[J]. 干旱区研究, 35(6): 1251-1261.

BOURAZANIS G, RIZOS S, KERKIDES P, 2015. Soil water balance in the presence of a shallow water table[C]. Leipzig: Proceedings of the of 9th World Congress.

HAN S, HU Q, YANG Y, et al., 2019. Response of surface water quantity and quality to agricultural water use intensity in upstream Hutuo River Basin, China[J]. Agricultural Water Management, 212: 378-387.

HAO Y, XIE Y, MA J, et al., 2017. The critical role of local policy effects in arid watershed groundwater resources sustainability: A case study in the Minqin oasis, China[J]. Science of The Total Environment, 601-602: 1084-1096.

HARMAN C J, 2015. Time-variable transit time distributions and transport: Theory and application to storage-dependent transport of chloride in a watershed[J]. Water Resources Research, 2015, 51(1): 1-30.

HUANG F, OCHOA C G, CHEN X, et al., 2020. An entropy-based investigation into the impact of ecological water diversion on land cover complexity of restored oasis in arid inland river basins[J]. Ecological Engineering, 151: 105865.

LI M, DU Y, ZHANG F, et al., 2019a. Simulation of cotton growth and soil water content under film-mulched drip irrigation using modified CSM-CROPGRO-cotton model[J]. Agricultural Water Management, 218: 124-138.

LI X, TONG L, NIU J, et al., 2017a. Spatio-temporal distribution of irrigation water productivity and its driving factors for cereal crops in Hexi Corridor, Northwest China[J]. Agricultural Water Management, 179: 55-63.

LI Z, CHEN X, LIU W, et al., 2017b. Determination of groundwater recharge mechanism in the deep loessial unsaturated zone by environmental tracers[J]. Science of The Total Environment, 2017, 586: 827-835.

LI Z, LIU H, ZHAO W, et al., 2019b. Quantification of soil water balance components based on continuous soil moisture measurement and the Richards equation in an irrigated agricultural field of a desert oasis[J]. Hydrology and Earth System Sciences, 23(11): 4685-4706.

LIU Y, LIU F, XU Z, et al., 2015. Variations of soil water isotopes and effective contribution times of precipitation and throughfall to alpine soil water, in Wolong Nature Reserve, China[J]. CATENA, 126: 201-208.

LUO Y, SOPHOCLEOUS M, 2010. Seasonal groundwater contribution to crop-water use assessed with lysimeter observations and model simulations[J]. Journal of Hydrology, 389(3-4): 325-335.

MA J Z, WANG X S, EDMUNDS W M, 2005. The characteristics of ground-water resources and their changes under the impacts of human activity in the arid Northwest China—A case study of the Shiyang River Basin[J]. Journal of Arid Environments, 61(2): 277-295.

NING S, ZHOU B, SHI J, et al., 2021. Soil water/salt balance and water productivity of typical irrigation schedules for cotton under film mulched drip irrigation in northern Xinjiang[J]. Agricultural Water Management, 245: 106651.

OERTER E J, BOWEN G J, 2019. Spatio-temporal heterogeneity in soil water stable isotopic composition and its ecohydrologic implications in semiarid ecosystems[J]. Hydrological Processes, 33(12): 1724-1738.

QUELOZ P, CARRARO L, BENETTIN P, et al., 2015. Transport of fluorobenzoate tracers in a vegetated hydrologic control volume: 2. Theoretical inferences and modeling[J]. Water Resources Research, 2015, 51(4): 2793-2806.

SOULSBY C, BIRKEL C, TETZLAFF D, 2016. Characterizing the age distribution of catchment evaporative losses[J]. Hydrological Processes, 30(8): 1308-1312.

SPRENGER M, SEEGER S, BLUME T, et al., 2016. Travel times in the vadose zone: Variability in space and time[J].

Water Resources Research, 2016, 52(8): 5727-5754.

SUN Y, KANG S, LI F, et al., 2009. Comparison of interpolation methods for depth to groundwater and its temporal and spatial variations in the Minqin oasis of northwest China[J]. Environmental Modelling & Software, 24(10): 1163-1170.

WANG H, ZHANG M, ZHU H, et al., 2012. Hydro-climatic trends in the last 50years in the lower reach of the Shiyang River Basin, NW China[J]. CATENA, 2012, 95: 33-41.

YANG B, WEN X, SUN X, 2015. Irrigation depth far exceeds water uptake depth in an oasis cropland in themiddle reaches of Heihe River Basin[J]. Scientific Reports, 5: 15206.

ZHANG Z, HU H, TIAN F, et al., 2014. Groundwater dynamics under water-saving irrigation and implications for sustainable water management in an oasis: Tarim River basin of western China[J]. Hydrology and Earth System Sciences, 2014, 18(10): 3951-3967.

ZHU G F, LI Z Z, SU Y H, et al., 2007. Hydrogeochemical and isotope evidence of groundwater evolution and recharge in Minqin Basin, Northwest China[J]. Journal of Hydrology, 2007, 333(2-4): 239-251.

彩　　图

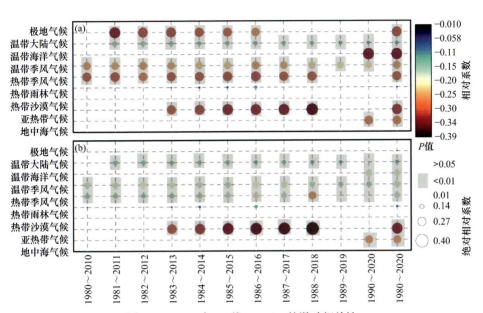

图 3-12　ΔRT 与 $\Delta\delta^{18}O$、$\Delta\delta D$ 的滑动相关性
(a) $\Delta\delta^{18}O$；(b) $\Delta\delta D$

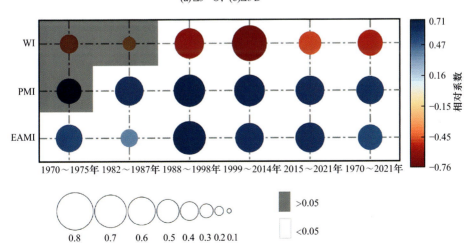

图 3-18　降水 $\delta^{18}O$ 与大气环流因子的相关性

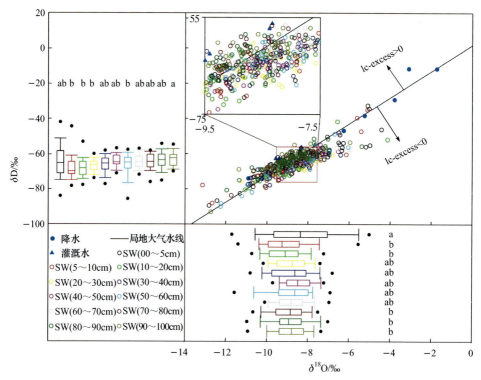

图 5-1　不同土壤深度 δD 和 δ¹⁸O 的关系

同位素数据无显著差异用方框图旁的相同字母表示(a 和 b 之间有显著差异，ab 与 a 和 b 无显著差异)；SW 为土壤水；lc-excess 为水线氘差，表示不同水线相对局地大气水线 δD 的线性偏移量

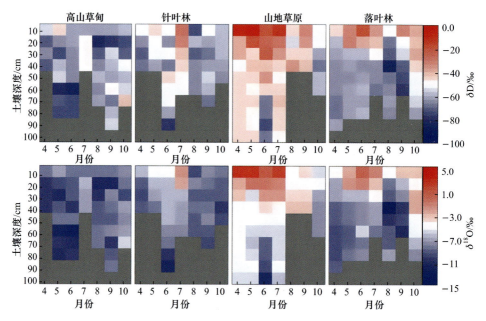

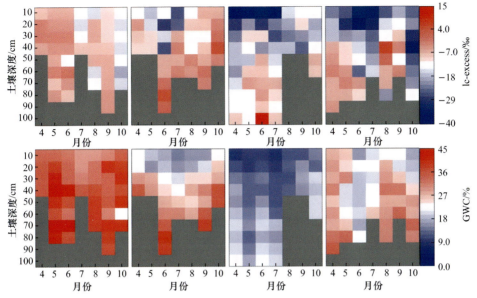

图 5-3　不同植被带 δD、$\delta^{18}O$、lc-excess 和 GWC 土壤深度剖面热图

灰色表示缺少测量的土层

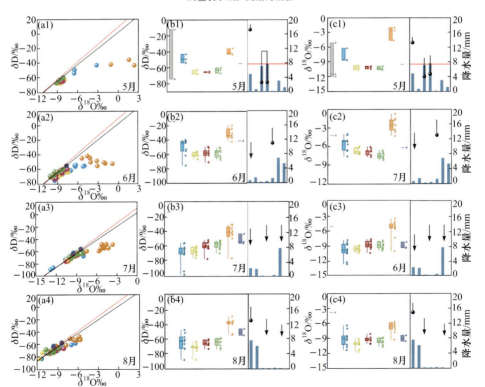

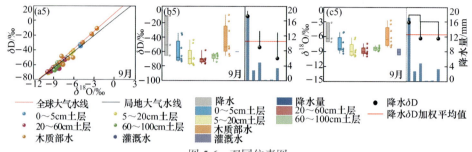

图 5-6 双同位素图

(a1)~(a5)为5~9月的δD 和δ¹⁸O散点图;(b1)~(b5)为5~9月的δD 箱线图;(c1)~(c5)为5~9月的δ¹⁸O箱线图; LMWL 为局地大气水线(δD=7.34δ¹⁸O+2.45，R^2=0.93); GMWL 为全球大气水线(δD=8δ¹⁸O+10); 箭头表示灌水

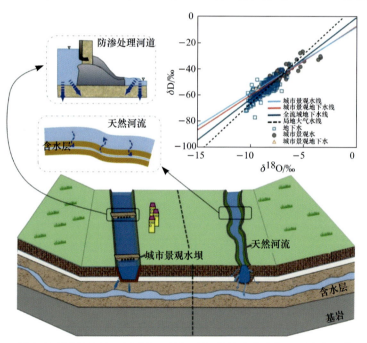

图 7-15 城市景观坝防渗处理河道与天然河流河道的地表水与地下水相互作用模型